豇豆、菜豆、荷兰豆栽培关键问题解析

何永梅　王迪轩　王雅琴　主编

化学工业出版社

·北京·

内容简介

本书以图文并茂的形式，以菜农在豇豆、菜豆、荷兰豆生产中遇到的典型问题为主线，从品种和育苗、栽培管理、主要病虫草害防治三个方面，针对豇豆、菜豆、荷兰豆栽培中的139个关键问题，提供了具体的解决方案和技术要点，并配以近300幅高清彩图进行图示，使菜农一看就懂，一学就会。

本书适合广大菜农、蔬菜生产新型经营主体、农资经销商、基层农技人员阅读、参考。

图书在版编目（CIP）数据

豇豆、菜豆、荷兰豆栽培关键问题解析/何永梅，王迪轩，王雅琴主编．—北京：化学工业出版社，2021.10
　ISBN 978-7-122-39824-6

　Ⅰ.①豇…　Ⅱ.①何…②王…③王…　Ⅲ.①豆类蔬菜-蔬菜园艺-问题解答　Ⅳ.①S643-44

中国版本图书馆CIP数据核字（2021）第176639号

责任编辑：冉海滢　刘　军　　　文字编辑：白华霞
责任校对：李雨晴　　　　　　　　装帧设计：关　飞

出版发行：化学工业出版社（北京市东城区青年湖南街13号　邮政编码100011）
印　　装：凯德印刷（天津）有限公司
880mm×1230mm　1/32　印张6　字数185千字
2022年3月北京第1版第1次印刷

购书咨询：010-64518888　　　　售后服务：010-64518899
网　　址：http://www.cip.com.cn
凡购买本书，如有缺损质量问题，本社销售中心负责调换。

定　　价：39.80元　　　　　　　　　　版权所有　违者必究

本书编写人员

主　编

何永梅　王迪轩　王雅琴

副主编

李江峰　李绪孟　徐军锋　康智灵　汪端华

参编人员

（按姓名汉语拼音排序）

郭　赛　郭向荣　何永梅　胡　为　黄卫民

康智灵　李江峰　李　琳　李慕雯　李　荣

李绪孟　李亚荣　欧迎峰　孙立波　谭　丽

汪端华　王迪轩　王雅琴　王佐林　徐　洪

徐军锋　徐军辉　徐丽红　杨沅树　张建萍

前言

随着抖音、快手、微信等一些以手机为载体的"快餐式"获取信息技术的快速发展，人们足不出户就能使一些问题得到解决，有关蔬菜栽培的信息与知识传播得越来越多、越来越广泛。

2020年2月以来，编者在《湖南科技报》《长江蔬菜》《湖南农业》等一些媒体的组织下，通过报纸杂志为读者解析蔬菜生产中的难题。编者或通过"长江蔬菜"APP远程"问诊、坐诊"；或通过微信、电话等回答本地菜农的问题；或通过下乡与菜农现场交流及联系请教专家，回答了各种蔬菜生产问题。一些典型问题的解析通过编者的精心整理，已发表在专业刊物，如《湖南农业》杂志社为编者开设的"微农诊间"专栏。

在此基础上，编者结合近年来的生产实际，整理了一系列鲜活的蔬菜栽培关键问题解析实例，并配以高清图片，形成本书系。对蔬菜生产上的操作以及病虫草害的识别，尽量多采用图片说明。对一些病虫草害的防治，一并提及有机蔬菜的防治方法。相信应为读者所欢迎。

本书以菜农在豇豆、菜豆、荷兰豆生产中遇到的典型问题为主线，结合编者多年来在基地与菜农的交流和观察，针对豇豆、菜豆、荷兰豆栽培中的139个关键问题，提供了具体的解决方案和技术要点，并配以近300幅高清彩图进行图示，使菜农一看就懂，一学就会。每一则问题和解析都是单独的，读者三五分钟就可以获得知识点。

本书在编写过程中，得到了赫山区科技专家服务团所有专家的大力支持，特别是湖南农业大学副教授、赫山区科技专家服务团团长李绪孟亲力亲为，服务赫山区蔬菜产业，并细心解答菜农的一些问题，在此深表谢意！

由于编者水平有限，难免存在疏漏之处，谨请专家同行和广大读者批评指正，欢迎来信与编者进行深入探讨（邮箱：wdxuan6710@126.com）。

王迪轩

2021年7月

目录

第二章　菜豆栽培关键问题解析 / 083

第一章 豇豆栽培关键问题解析

第一节 豇豆品种及育苗关键问题

1. 春栽豇豆引进新品种应先小面积试种后再大面积推广应用

问： 到了6月中旬，别人的豇豆已采收三四批，我的豇豆藤2米多高，但就是不结荚（图1-1），是为什么？

图1-1 豇豆新品种结荚少

答：这是因为选用的豇豆新品种不适宜春栽。生产中，有时在外地表现很好的豇豆品种，引进来种植后，发现只长藤不结荚，或开花结荚延迟，或开花节位很高等现象。这是由不同豇豆品种对日照长短的反应不一导致的。

豇豆对日照长短的反应大致可分为两类。一类对日照长短要求不严格，这类品种的豇豆在长日照或短日照条件下均能正常生长结荚，因而南北各地可以互相引种。但短日照有提早开花、降低开花节位和提高产量的作用；而在较长日照条件下，侧蔓发育晚，第一花序发生节位提高，一般中早熟品种属于这种类型。

另一类则对日照长短要求比较严格，适宜在短日照条件下栽培，若在长日照条件下栽培，往往发生茎蔓徒长，开花结荚延迟或减少的现象。一般晚熟品种多属于这种类型，适宜在秋季或秋冬季设施条件下栽培。另据研究，日照长短对豇豆分枝习性和着花节位有一定影响。短日照能促进主蔓基部叶节抽生侧蔓，降低第一花序的着生节位；而长日照则能延迟侧蔓抽生并导致主蔓上第一花序的着生节位显著升高。

该农户引进种植的豇豆新品种应属于对日照长短要求严格的类型，只能在秋季种植，不宜作春播。该行为属品种引进不当，因是经销商推荐介绍种植的，可找经销商索赔。

值得注意的是，在从外地引进豇豆新品种时，一定要先在当地试种成功，确定表现较当地主栽品种好后，才能在当地推广应用（图1-2）。

图1-2　田间几个豇豆品比试验

2.高温下开花结荚少是自然现象，不是种子原因

问： 这段时间（七月中下旬）气温高，豇豆易晒干，市场上的价格也高，但就是结荚太少了（图1-3），这是不是种子原因？

图1-3 豇豆夏秋高温结荚少

答： 不是种子原因。豇豆喜温，耐热性强，不耐低温和霜冻，植株生育适宜温度20～30℃，低于10℃或高于40℃时生长发育不良，15℃以下生长缓慢，35℃仍能生长结荚。豇豆对低温较敏感，5℃以下植株受害，短期0℃即被冻死。种子发芽适温25～30℃，但开花结荚的适温为25～28℃，温度高于35℃时，植株易早衰，落花落荚增多，豆荚变短或畸形，品质变劣，产量降低，属正常现象。

此农户的夏秋豇豆按生长的进度，目前正是结荚期，但当前的外界温度都达到了35℃以上，大棚内中午的气温在40℃左右，靠近棚顶的花，就算花开了，也是难以结荚的。因此，夏秋豇豆栽培要注意避免把开花结荚期放在温度过高的季节。要想方设法降低棚内的温度，如大棚顶上用遮阳网适当遮阴，大棚的裙膜要大开大高，有条件的可以在顶膜上开通风口，以降低棚温。同时，要做好斜纹夜蛾、豆荚螟等的防治，以防因虫害导致落花落荚。

3.南方自留豇豆品种种性易退化，得不偿失

问： 我每年的豇豆种子都是自己留的（图1-4），总是结了两三个批次就不行了（图1-5），请问是什么原因造成的？

图1-4　豇豆种子

图1-5　豇豆长期自留种子种性退化，结荚少

答：在湖南等长江中下游地区，不主张自留豇豆种子。自留种子有较高的技术要求。自留种子要讲究种性的提纯复壮，保持原品种的特征特性。但菜农留种随意性很大，导致种性退化，有的甚至从病株上留种，使种子带菌，早熟性变差，结荚部位升高，结荚率降低，豆荚长变短，质量减轻，有的荚色混杂。

而且，豇豆在湖南等长江中下游雨水多的地方留种是不划算的，因为早春栽培的采收旺季一般都处于高温高湿期，加上病虫害严重，导致种子质量不好，产量每亩（1亩≈666.7平方米）仅50千克左右，不及北方的1/3。

因此，在生产上要选用经过专业提纯复壮的良种或试种后表现较好的新品种。专业的事情要留给专业的公司或人去做，目前国内培育豇豆的科研机构有不少，其根据生产的需要选育有丰富的豇豆品种，农户可根据自己的需要去采购商品种子。

4. 豇豆种植季节不同的地区有差异

问：九月份大棚种豇豆还来得及吗？

答：在长江中下游地区，九月份利用大棚种豇豆肯定是来不及了。在生产上，有些菜农认为，冬春季节有了大棚等设施遮风挡雨、保温防寒，夏秋季节有了遮阳网降温遮光，豇豆想什么时候种就什么时候种，这是不行的。在生产上常有春季过早播种，因地温低、湿度大而烂种，或因出苗后受到晚霜危害而造成缺苗或冻死（图1-6），因而不得不进行二次育苗的现象；而过迟播种，植株生育期推迟，后期遇初霜冻死，提前罢园，达不到理想的产量要求（图1-7）。

图1-6　盲目提早培育豇豆苗造成冷害死苗

图1-7　播种过迟的秋延豇豆产量难以保障

　　豇豆播期是由其对温度的要求决定的。豇豆是喜温作物，耐热性强，但不耐低温和霜冻。植株生长适宜温度为 20 ～ 25℃，20℃以下茎蔓细，伸蔓期延长，不分枝；15℃以下生长缓慢；10℃以下生长受到抑制；5℃以下植株受害；0℃时叶茎枯死。种子发芽适宜温度为 25 ～ 30℃，发芽最低温度 8 ～ 10℃。开花结荚期适温为 25 ～ 28℃，温度高于 35℃时，植株易早衰，落花落荚增多，豆荚变短或畸形，品质变劣，产量降低。

　　一般来说，豇豆播种期为 3 ～ 7 月，不宜盲目提早或延后。在湖南等长江中下游地区，早春栽培一般在 3 月中下旬播种或定植，华南地区可提早到 2 月。长江流域秋豇豆栽培于 7 月中旬播种或定植，华南地区一般在 7 月下旬。采用塑料大棚栽培，长江流域春播可提前到 3 月上旬播种或定植，秋延后可到 8 月上旬播种。

　　但在北方，冬季虽然温度低，但阳光充足，若采用日光温室冬春茬栽培，则可于 10 月下旬至 11 月上旬播种，苗龄 30 天后定植，定植后 40 ～ 50 天采收。日光温室秋延后栽培，一般于 7 月下旬播种，10 ～ 11 月上市。日光温室秋冬茬栽培也有一定的种植面积，一般 8 月中下旬直播，10 月上旬至 1 月中旬应市。

5. 豇豆栽培以育苗移栽效果较好

　　问：豇豆栽培到底是育苗移栽效果好，还是采用直播好？
　　答：目前，豇豆生产方式以直播为主，但以育苗为好。

豇豆的根系较发达，主根可入土 80 厘米左右，根群主要分布在 15 ～ 18 厘米深的耕作层内，有较强的吸水吸肥能力，比较耐旱和耐瘠薄，为深根性作物。但根部容易木栓化，侧根稀疏，再生能力弱，因此栽培上有不少菜农采用直播（图1-8）。

但从效益的角度，主张采用育苗移栽（图1-9）。这是因为：豇豆在直播情况下容易徒长，而育苗移栽可抑制营养生长过旺，促进开花结荚，降低结荚节位。早春大棚豇豆若采用直播，由于苗期外界气温仍较低，发芽慢，遇寒流、大风等天气时易发生冻害，种子容易发霉造成烂种，成苗差，因此一般采用育苗移栽。育苗移栽可使幼苗避开早春低温和南方多阴雨的环境，从而使幼苗健壮，发棵快，提早抽蔓、分枝、开花结荚，早期产量和总产量都有较大幅度提高。利用大棚多层覆盖提前培育壮苗，也是实现豇豆早熟高产的重要措施。

图1-8　豇豆直播栽培　　　　图1-9　豇豆移栽

采用育苗移栽，可节省种子量，确保成苗率。育苗移栽，一般每穴可定植 3 ～ 4 株，每亩用种 1 ～ 1.5 千克左右；而直播栽培，生产上常有播种 10 粒以上的，有的甚至达 20 粒，又不采用间苗定苗的方法，而且由于管理难以达到精细化，成苗率并不高，若早春播种，遇倒春寒等，易造成冷害死苗现象。

值得注意的是，采用育苗移栽，必须重视根系的培育和保护。豇豆根系生长适温 18 ～ 25℃，低于 15℃生长速度明显变慢，13℃以下停止生长。因此，早春露地栽培和冬春季保护地栽培要注意提高地温，防止地温过低植株生长受阻，造成植株提早老化。同时还要防止大水漫灌，以免土壤板结，影响土壤通透性，在低温条件下造成沤根死苗。最好采用营养钵进行护根育苗。

6.豇豆直播栽培要精细

问： 我每窝播了一二十粒豆角种子，然而每窝只剩下一两株上架，不知是怎么回事？

答： 这个与直播管理有关。采用直播，由于面积大，3～7月份直播，田间草害、病虫害等的管理是很难到位的，再加上缺水缺肥等，所以成苗率非常低，有时甚至受冷冻害的影响，导致田间早期毁种（图1-10）。但生产上由于人力物力等原因，一些大型蔬菜基地往往采用直播，这就要注意以下几点。

一是做好种子处理。播种前精选种子，并晒种1～2天，一般采用干籽直播，也可用25～32℃温水短暂浸种，当大多数种子吸水膨胀后，捞出晾干表皮水分后播种。

二是掌握适宜的播期。豇豆直播适宜于春露地栽培，播种期宜在当地断霜前7～10天，地下10厘米地温稳定在10～12℃时进行，不宜过早，否则易受倒春寒导致的冷害，冰雹等雹灾也可造成毁种毁苗。

三是精细整地作畦。一般每亩施腐熟有机肥3500～4500千克、过磷酸钙60～80千克、硫酸钾30～40千克或草木灰120～150千克。北方多作平畦，畦宽1.3米；南方多作高畦，畦宽1.3米；沟深25～30厘米。

四是精心播种（图1-11）。一般采用穴播。土壤墒情不好，可在播种前浇水润畦，待湿度适宜时播种，或播种时先开沟浇水，待水渗下后播种。每畦播2行，蔓生种行穴距（50～65）厘米×（20～25）厘米，矮生种行穴距（40～50）厘米×（20～25）厘米，每穴播4～5粒种子，播后盖2～3厘米厚土。

图1-10 豇豆直播后遇倒春寒冷害死苗

图1-11 豇豆穴直播要精心播种

五是除草。播种前或播后苗前，每亩用50%乙草胺乳油80～120毫升，兑水40～50升，均匀喷雾于土表，可防除稗、马唐、狗尾草、牛筋草、苋、小藜、马齿苋、牛繁缕等杂草。

六是防治地老虎等虫害。地老虎是造成毁种毁苗的主要害虫，可在穴盘时，每穴用90%敌百虫晶体1000倍液或50%辛硫磷乳油1500倍液灌根，每穴灌250毫升药液。或在为害时喷施地面，选用90%敌百虫晶体1000倍液、2.5%溴氰菊酯乳油3000倍液或20%氰戊菊酯乳油3000倍液等喷雾防治。

七是及时查苗补苗。当真叶出现后应及时查苗补苗，一般每穴留2～3株健壮苗，发现缺苗或断垄现象，及时补苗，补栽用的苗子，最好在温室、温床等设施内提前育好。及时拔除病株、残株。

7.早春豇豆大棚育苗有讲究

问：今年春季想用大棚培育豇豆苗，请问要掌握哪些技术要领？

答：豇豆采用大棚培育早春苗，可在保护设施下，使幼苗避开早春低温和多阴雨的环境，使幼苗健壮，发棵快，提早抽蔓、分枝、开花结荚，早期产量和总产量提高。育苗时要掌握以下要领。

一是适期播种，不可盲目。大棚育苗的播种期要根据当地的气候条件确定，在湖南等长江中下游地区一般3月下旬至4月上旬播种育苗。采用撒播集中育苗的（图1-12），由于播种较密，一般在第一复叶开展前移植。若采用营养钵或穴盘育苗（图1-13、图1-14），苗距较大，可延迟至具有2～3片复叶时移栽，于4月中、下旬定植。如果采用

图1-12　豇豆苗床撒播育苗

图1-13 豇豆营养钵育苗　　　　图1-14 豇豆穴盘育苗

地热线等加温设施育苗，营养钵或穴盘培育，地膜覆盖栽培，则可于2月中旬播种，3月上、中旬定植。

　　二是搞好苗床设置。在大棚内建苗床，高畦，畦宽1.2米，长10～15米。畦内排放规格为8厘米×8厘米或10厘米×10厘米的塑料钵。内装由腐熟猪粪渣、无病虫园土（1∶1）配制的培养土（图1-15），每立方米培养土可加复合肥0.5～1千克，或加入过磷酸钙5～6千克、尿素0.5～1千克，或加入磷酸二铵1～2千克、草木灰4～5千克。为了增加床土的透气性，可以适当掺入一些细炉渣。装好营养土，将营养钵紧密摆放在整平、踏实的育苗畦内。也可选用现成的穴盘和商品基质（图1-16）进行护根育苗。

图1-15 配制育苗营养土　　　　图1-16 穴盘育苗商品基质

　　三是精细播种。播种前要精选种子，并晒种1～2天。一般不进行催芽。播种前，先将营养钵内的营养土浇透，水渗后，每钵放3～4粒种子，盖细土2～3厘米厚，用手稍稍压实。苗床上盖地膜和塑料拱棚，增温保湿。穴盘基质育苗，则先将基质浇水湿润后，装盘，压穴，播种，塌地盖膜或盖小拱棚。

四是加强苗床管理。播种初期苗床保持较高的温度，白天25～28℃，夜间20℃。幼芽拱土后揭去地膜，苗床温度降至白天20～25℃，夜间15～18℃。加强光照，保持每天10～11小时的充足光照，空气湿度以65%～75%为宜，土壤湿度60%～70%。注意防止苗期低温多湿。

苗出齐后要开始通风排湿，苗期一般不追肥、不浇水，但营养钵或穴盘基质易干燥，可在中午前后发生轻度萎蔫时浇透水，小水勤浇易徒长，应防止。浇水要根据土壤湿度和气温确定，严防湿度过高。注意防治立枯病，发现病害，可撒施拌有双或甲基立枯磷药土。

定植前3～5天，除去各种覆盖物低温锻炼，白天不超过20℃，夜间降到8～12℃。一般经过20～25天的苗期，此时秧苗第一片复叶已充分展开，第二片复叶初现，可以准备定植。

第二节 豇豆栽培管理关键问题

8. 豇豆塑料大棚早春栽培重在搞好棚室管理

问： 豇豆塑料大棚早春栽培既要提早上市又想取得高产，请问如何进行生产管理？

答： 可以按照如下的程式化栽培技术管理。

【选择品种】选用早熟，丰产，耐寒，抗病力强，肉质厚、风味好，不易徒长，适宜密植的蔓生品种，如早翠、翡翠早王、天畅三号（图1-17）、早生王（图1-18）等。

【种子处理】

（1）干籽直播　为防止种子带菌，用种子量3倍的1%甲醛药液浸种10～20分钟，然后用清水冲洗干净即可播种。

（2）育苗　先用温水浸种8～12小时，中间淘洗2次，用湿毛巾包好，放在20～25℃条件下催芽，出芽后备播。

【播种育苗】早春大棚豇豆栽培多采用营养钵育苗移栽。

【选择播期】在长江中下游地区，播种期最早在2月中下旬，不宜

图1-17　天畅三号豇豆优良品种　　　图1-18　早生王

盲目提早，否则易导致冷害。

【配制营养土】营养土配制，宜用 4 份充分腐熟的农家肥与 6 份田园土充分拌匀。

【播种床消】每平方米播种床用 40% 甲醛 30 ～ 50 毫升，加水 3 升，喷洒床土，用塑料薄膜闷盖 3 天后揭膜，待气体散尽后播种。或用 72.2% 霜霉威盐酸盐水剂 400 倍液床面浇施。或每平方米苗床用 15 ～ 30 千克药土作床面消毒，即用 8 ～ 10 克 50% 多菌灵可湿性粉剂与 50% 福美双可湿性粉剂等量混合剂，与 15 ～ 30 千克细土混合均匀撒在床面。

【摆营养钵】营养钵大小为 8 厘米 ×8 厘米或 10 厘米 ×10 厘米，先装 5 ～ 7 厘米的营养土，摆放到苗床上浇水，水渗下后播种。

【播种】将催种催芽后的种子点播于营养钵（袋）中，每钵（袋）播 2 ～ 3 粒，然后覆土 2 厘米。苗期做好保温防寒管理。定植前进行炼苗。

有条件的也可采用穴盘育苗。

【整地施肥】春季在定植前 15 ～ 20 天扣棚烤地，结合整地每亩施入腐熟农家肥 5000 ～ 6000 千克（或商品有机肥 600 ～ 700 千克）、过磷酸钙 80 ～ 100 千克、硫酸钾 40 ～ 50 千克（或草木灰 120 ～ 150 千克）。2/3 的农家肥撒施，余下的 1/3 在定植时施入定植沟内。

【作畦】定植前 1 周左右在棚内作畦，一般作平畦，畦宽 1.2 ～ 1.5 米。

也可采用小高畦地膜覆盖栽培（图 1-19），小高畦畦宽（连沟）1.2 米，高 10 ～ 15 厘米，畦间距 30 ～ 40 厘米，覆膜前整地时灌水。

图1-19　豇豆地膜覆盖

【大棚消毒】大棚在定植前要进行消毒，每亩用80%敌敌畏乳油250克拌上锯末，与2～3千克硫黄粉混合，分10处点燃，密闭一昼夜，放风后无味时定植。

【定植】一般在2月底至3月上中旬，苗龄25天左右，当棚内地温稳定在10～12℃，夜间气温高于5℃时定植，行距60～70厘米，穴距20～25厘米，每穴4～5株苗。

【闭棚促缓苗】定植后4～5天内，密闭大棚高温高湿促缓苗。

【查苗补苗】当直播苗第一对基生真叶出现后或定植缓苗后应到田间逐畦查苗补苗，结合间苗，一般每穴留3～4株健苗。

【浇缓苗水】缓苗后浇一次缓苗水。

或从缓苗水开始，每亩用1亿菌落形成单位（cfu）/克枯草芽孢杆菌微囊粒剂（太抗枯芽春）500克+3亿菌落形成单位（cfu）/克哈茨木霉菌可湿性粉剂500克+0.5%几丁聚糖水剂1千克浇灌植株，可促进生根，调理土壤，预防根腐病、枯萎病、青枯病等。后期可每月冲施1次。

【中耕蹲苗】浇缓苗水后，进行中耕蹲苗，一般中耕2～3次，甩蔓后停止中耕，到第一花序开花后小荚果基本坐住，其后几个花序显现花蕾时，结束蹲苗，开始浇水追肥。

【适当降温壮苗】缓苗后，开始放风排湿降温。加扣小拱棚的，小棚内也要放风，直至撤除小拱棚。

【插架】一般到蔓出后才开始支架（图1-20），双行栽植的搭"人"

图1-20 豇豆早春大棚栽培插架

字架，将蔓牵至"人"字架上，茎蔓上架后捆绑1～2次。

【加大通风量】开花结荚期后，逐渐加大放风量并延长放风时间，一般上午当棚温达到18℃时开始放风，下午降至15℃以下关闭风口。

【昼夜通风】生长中后期，当外界温度稳定在15℃以上时，可昼夜通风。

【控水促花】大量开花时，尽量不浇水。采用膜下滴灌或暗灌，有利于降低棚内湿度，减轻病害。

【摘心】在主蔓生长到架顶时，及时摘除顶芽。至于子蔓上的侧芽生长势弱，一般不会再生孙蔓，可以不摘，但子蔓伸长到一定长度（3～5节）后即应摘心（图1-21）。

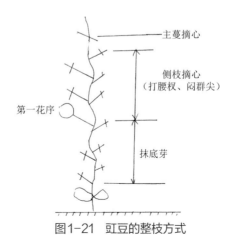

图1-21 豇豆的整枝方式

【结合浇水追施结荚肥】结荚期，要集中连续追 3 ~ 4 次肥，并及时浇水。一般每 10 ~ 15 天浇一次水，追肥与浇水结合进行，一次清水后相间浇一次稀粪，一次粪水后相间追一次化肥，每亩共追施尿素 15 ~ 20 千克。

【叶面施肥】缓苗期和植株结荚期，间隔半月左右，在植株生长关键期连续喷洒有机水溶肥料 1000 倍液、甲壳素叶面肥 1000 倍液或核苷酸叶面肥 1500 倍液等 2 ~ 3 次，可促进花芽分化。

开花结荚期，用萘乙酸钠 4 毫升、爱多收 4 毫升兑水 15 千克叶面喷施 1 ~ 2 次，有利于保花保荚。

生长后期，为防止中微量元素的缺乏，可每隔 10 ~ 15 天，叶面喷施 0.1% ~ 0.5% 的尿素溶液加 0.1% ~ 0.3% 的磷酸二氢钾溶液，或 0.2% ~ 0.5% 的硼、钼等微肥。

叶面施肥要特别注意浓度，不可过大，否则会出现叶片畸形的现象。

【采收】播种后 60 ~ 70 天，嫩豆荚已发育饱满，可于种子刚刚显露时采收。每隔 3 ~ 5 天采收一次，在结荚高峰期可隔一天采收一次。

【撤棚膜】进入 6 月上旬，外界气温渐高，可将棚膜完全卷起来或将棚膜取下来，使棚内豇豆呈露地状况。

【追施防衰肥】生长后期，除补施追肥外，还可叶面喷施 0.1% ~ 0.5% 的尿素溶液加 0.1% ~ 0.3% 的磷酸二氢钾溶液，或 0.2% ~ 0.5% 的硼、钼等微肥。

【清园】采收后，将病叶、残枝败叶和杂草清除干净。

9.豇豆小拱棚加地膜覆盖栽培要确保每个环节到位

问：豇豆小拱棚加地膜覆盖栽培要掌握哪些要领？

答：可以按照如下的程式化管理要点开展生产。

【选择品种】应选择早熟、耐低温、高产、抗病、适宜密植的品种，如早生王、詹豇 215（图 1-22）等。

【育苗】宜利用大棚多层覆盖提前培育壮苗，适宜苗龄为 20 ~ 25 天，真叶 3 ~ 4 片。育苗技术参见大棚早春栽培。

【施足基肥】结合耕翻整地，每亩施入腐熟农家肥 1500 ~ 2000 千克（或商品有机肥 200 ~ 300 千克）、草木灰 50 ~ 100 千克。

【整地作畦】整平耙细，作小高畦。畦高 10 ~ 15 厘米，宽 75 厘米，

图1-22　詹豇215

畦沟宽 40 厘米。作畦后立即在畦上覆盖地膜。地膜宜在定植前 15 天左右铺好。

【定植】当棚内 10 厘米地温稳定通过 15℃，棚内气温稳定在 12℃以上时可定植，株行距 15 厘米 ×60 厘米或 20 厘米 ×60 厘米，每穴 3 ～ 4 株，然后覆土平穴，用土封严定植孔。

【闭棚促缓苗】定植后 3 ～ 5 天内不通风，棚外加盖草苫，闷棚升温，促进缓苗（图1-23）。

【浇缓苗水】定植缓苗后，视土壤墒情浇一次缓苗水。

建议：从缓苗水开始，每亩用 1 亿菌落形成单位（cfu）/ 克枯草芽孢杆菌微囊粒剂（太抗枯芽春）500 克 +3 亿菌落形成单位（cfu）/ 克哈茨木霉菌可湿性粉剂 500 克 +0.5% 几丁聚糖水剂 1 千克浇灌植株，后期可每月冲施 1 次。

【控水蹲苗】浇缓苗水后应控水蹲苗。

【适当降温壮苗】缓苗后逐渐降温，培育壮苗。

【撤小拱棚】当外界气温稳定通过 20℃时，撤除小拱棚。

【植株调整】豇豆植株长到 30 ～ 35 厘米高时及时搭架（图1-24），主蔓第一花序以下萌生的侧蔓一律打掉，第一花序以上各节萌生的叶芽留一片叶打头。主蔓爬满架后及时打顶。

【结合浇水追现蕾肥】现蕾时，浇一次水，随水每亩追施硫酸铵 20 千克、过磷酸钙 30 ～ 50 千克。

【结合浇水追结荚肥】现蕾后，每隔 10 ～ 15 天浇水一次，掌握浇荚不浇花的原则，若开花前肥水过多，则营养生长过旺，影响开花结荚。

图1-23　豇豆地膜套小拱棚定植后　　图1-24　地膜覆盖栽培豇豆及时搭架
闭棚促缓苗

　　从开花后每隔 10 ~ 15 天叶面喷施一次 0.2% 磷酸二氢钾，还可根外喷施浓度为 0.01% ~ 0.03% 的钼酸铵和硫酸铜。

10. 豇豆春露地直播早熟栽培有讲究

　　问：如何搞好豇豆的春露地直播？

　　答：可以按照如下的程式化栽培技术管理。

　　【选择品种】选用耐寒性较强，对日照要求不严格，早熟、优质、丰产，分枝性能弱，适于密植的蔓生品种，如之豇 28-2、湘豇 1 号、湘豇 2 号、詹豇 215、天畅七号（图1-25）等。

图1-25　天畅七号

【整土施肥】冬前土壤深翻晒垡，春季结合施底肥进行浅耕。一般每亩施腐熟农家肥 3500～4500 千克（或商品有机肥 400～500 千克）、过磷酸钙 60～80 千克、硫酸钾 30～40 千克（或草木灰 120～150 千克），土肥混合均匀。

【作畦】北方采用平畦，畦宽约 1.3 米。南方为高畦，畦宽（连沟）1.3 米，沟深 25～30 厘米。畦面整成龟背形。

【选择播期】露地豇豆播种宜在当地断霜前 7～10 天和地下 10 厘米处地温稳定在 10～12℃时进行，华北地区在 4 月中下旬，淮北地区在 4 月上中旬，江南地区可在 3 月下旬至 4 月初。

注意：过早播种常因地温低、湿度大而烂种，或因出苗后受到晚霜危害而造成缺苗或冻死；过晚播种则植株生育期推迟而影响早熟丰产。

【种子处理】播种前精选种子，并晒种 1～2 天。一般采用干籽直播，也可用 25～32℃温水浸种 10～12 小时，当大多数种子吸水膨胀后，捞出晾干表皮水分播种。

用咯菌腈种衣剂 10 毫升兑水 100 毫升，拌匀后倒在 5 千克种子上迅速搅拌直到药液均匀分布，可有效预防苗期及其他土传真菌性病害发生。

【直播】每畦播两行，行距 50～65 厘米，穴距 20～25 厘米，每穴播种 4～5 粒，覆土 2～3 厘米。每亩用种量 2～2.5 千克。

用 50% 多菌灵可湿性粉剂与 50% 福美双可湿性粉剂等量混合剂 8～10 克与细土 15～30 千克混合均匀撒在畦面，可减少苗期病害的发生。

【浇缓苗水】直播苗出齐后，可视土壤墒情浇一次水（图 1-26）。

建议：从缓苗水开始，每亩用 1 亿菌落形成单位（cfu）/克枯草芽孢杆菌微囊粒剂（太抗枯芽春）500 克 +3 亿菌落形成单位（cfu）/克哈茨木霉菌可湿性粉剂 500 克 +0.5% 几丁聚糖水剂 1 千克浇灌植株，后期可每月冲施一次。

【蹲苗】浇缓苗水后要严格控水控肥，以中耕保墒蹲苗为主。

【查苗补苗】当直播苗第一对基生真叶出现后，应到田间逐畦查苗补棵，结合间去多余的苗子，一般每穴留 3 株健苗。

【中耕松土】直播苗出齐后，宜每隔 7～10 天进行一次中耕松土，蹲苗促根（图 1-27）。甩蔓后停止中耕。最后一次中耕注意向根际培土。

若采用地膜覆盖，无需中耕松土。

图1-26　直播豇豆苗出齐后视墒情　图1-27　豇豆中耕除草
浇一次水

【结合浇水施壮苗肥】团棵后、插架前浇一次水，结合浇水可在行间沟施有机肥或追施尿素（每亩10千克左右）。

【插架】植株甩蔓后插支架，按每穴一竹竿，搭成"人"字架，架高2米以上。

【引蔓】植株蔓长30厘米以上时，及时引蔓上架。

【初花期控水】初花期不浇水，防止落花。

【看天防旱】植株现蕾时，若天旱可再浇一次小水。

【抹底芽】主蔓第一花序以下的侧芽长至3厘米左右时及时抹去，以促使主蔓粗壮和提早开花结荚。

【采腰杈】主蔓第一花序以上各节位的侧枝在早期留2～3叶摘心，促进侧蔓第一节形成花芽。

【浇坐荚水】当第一花序坐住荚，第一花序以后几节的花序显现时，浇一次大水。

【结合浇水追结荚肥】开花结荚期后，浇水时结合追肥，每次每亩追施硫酸铵15千克或尿素10千克，硫酸钾5千克，一次清水、一次肥水交替施用。若底肥中磷肥不足，可每次每亩追施过磷酸钙5千克，或每次每亩用复合肥5～8千克。

【闷群尖】植株生育中后期主蔓中上部长出的侧枝，见到花芽后即闷尖（摘心）。

【浇保荚水】中下部的豆荚伸长、中上部的花序出现时，再浇一次大水。以后一般每隔5～7天浇一次水，经常保持土壤见干见湿。

【采收】春季豇豆播种后60～70天即可开始采收嫩荚。开花后10～12天豆荚可达商品成熟，此时荚果饱满，组织脆实，不发白变软，种粒处刚刚显露而微鼓。

　　采收要特别仔细，不要损伤花序上的其他花蕾，更不能连花序一起摘下。一般每3～5天采收一次，在结荚高峰期可隔1天采收一次。

　　加工用豇豆，采收后避免堆压，及时捆绑成束，运至加工企业进行加工（图1-28～图1-30）。

图1-28　菜农交售的七成熟豇豆鲜品　　图1-29　公司技术人员查验菜农交售的豇豆质量

图1-30
太阳晒制豇豆

　　【主蔓摘心】主蔓长15～20节，达2～2.3米高时摘心，以促进下部节位各花序上副花芽的形成和发育。

　　【追翻花肥】为防止豇豆缺肥出现鼠粒尾巴现象，第一次产量高峰过后，应加强肥水管理，每隔15天左右追施一次粪水或化肥。

　　【排水防涝】7月份以后，雨量增加，应注意排除田间积水，延长结荚期，防止后期落花落荚。

11. 豇豆夏秋直播栽培有讲究

问： 豇豆夏秋直播如何加强管理获得高产？

答：可以按照如下的程式化栽培技术管理。

【选用耐热品种】宜选用耐热、耐湿、抗病、早熟、丰产的品种，如詹豇215、天畅八号（图1-31）等。

【选择播期】一般5月中旬至6月中旬直播（图1-32），7月中下旬至8月上旬始收，可采收到白露前。

图1-31　天畅八号　　　　　图1-32　夏秋豇豆露地直播栽培

【整地作畦】选用地势高燥、通风凉爽、排灌方便的场所，作高畦或小高畦。播前土壤灌水造墒，使底水充足，防止种子落干。

【直播】播种密度较春豇豆稀些，一般1.2米宽的畦播2行，行距60厘米，穴距20～25厘米，每穴留苗3株，每亩用种3千克。

【中耕除草】一般在定植后、插架前后、开花结荚初期和盛期中耕，共中耕除草5～6次。

【插架】夏季豇豆生长快，必须及时插架并引蔓上架。另外要求插架必须牢固。

【防涝】大雨过后要及时排水，排水后再浇一次清水或井水以降温补氧。

【打侧芽】豇豆引蔓上架后及早打掉6～7叶以下的基部侧芽，保持主蔓生长优势。

【铺草】夏秋茬豇豆行间铺5～6厘米厚的秸秆或草，可防止土壤板结，降低地温，防止一般情况下大雨后出现死棵现象。

【摘心】主蔓第一花序以上侧枝留2～3叶后尽早摘心。

【追肥】可以采用条沟集中施足底肥的方法，并及时分次追肥，适当增加氮肥用量。

注意：夏秋季高温多雨，田间肥料容易被雨水淋失，使植株出现脱肥现象。

【打顶】主蔓长到 2 ～ 2.5 米时要打顶，趁早晨或雨后，用小竹竿打主蔓伸长的嫩头，一打即断，速度很快。

【防治病虫害】一般结荚期每 7 天左右喷一次杀虫药防治豆荚螟，并注意防治锈病、炭疽病和灰霉病等。

【后期追肥防伏歇】夏秋豇豆结荚期正值 8 月伏天，植株更易出现"伏歇"现象（图1-33），应及早增施肥料。

图1-33　高温导致的豇豆"伏歇"现象

12.豇豆塑料大棚秋延后高产高效栽培要从选择播期开始确保每个环节到位

问： 豇豆塑料大棚秋延后栽培如何加强管理确保高产高效？

答： 豇豆塑料大棚秋延后栽培（图1-34），要从适期播种开始，按照如下的程式化栽培技术管理，确保每个环节到位，方能高产高效。

【选用良种】选用秋季专用品种或耐高温、抗病力强、丰产、植株生长势中等、不易徒长的品种，如早熟 5 号、正源 8 号、全王、杜豇、天畅四号、天畅七号、早生王、天畅一号（图1-35）等。

【直播】一般在 7 月中旬至 8 月上旬直接播种。

【降温保苗】苗期温度较高，要适当浇水降温保苗，并注意中耕松土保墒，蹲苗促根。

注意：浇水不宜太多，要防止高温高湿导致幼苗徒长，雨水较多时应及时排水防涝。

图1-34 豇豆秋延后栽培　　　图1-35 天畅一号豇豆

【追施苗肥】幼苗第一对真叶展开后，随水追肥一次，每亩施尿素 10 ~ 15 千克。

【搭架引蔓】植株甩蔓时，就要搭架，也可用绳吊蔓。常用的架形为"人"字形。

【控水蹲苗】开花初期，适当控水蹲苗。

【防止落花落荚】用 2 毫克 / 升的对氯苯氧乙酸钠或赤霉酸喷射茎的顶端，可促进开花。

【除侧蔓】一般主茎第一花序以下的侧蔓应及时摘除，促主茎增粗和上部侧枝提早结荚。

【结合浇水追施结荚肥】结荚期，加强水肥管理，每 10 天左右浇一次水，每浇 2 次水追肥 1 次，每亩冲施粪稀 500 千克或施尿素 20 ~ 25 千克。10 月上旬以后，应减少浇水次数，停止追肥。

【摘心去顶】中部侧枝需要摘心。主茎长到 18 ~ 20 节时摘去顶心，促开花结荚。

【保温防冻】

（1）豇豆开花结荚期　此期气温开始下降，要注意保温。初期，大棚周围下部的薄膜不要扣严；随着气温逐渐下降，通风量逐渐减少，大棚四周的薄膜晴天白天揭开，夜间扣严。

（2）当外界气温降到 15℃时　夜间大棚四周的薄膜要全封严，只在白天中午气温较高时，进行短暂的通风，若外界气温急剧下降到 15℃以下时，基本上不要再通风。遇寒流和霜冻要在大棚下部的四周围上草帘保温或采取临时措施。

（3）当外界气温过低时 棚内豇豆不能继续生长结荚，要及时将嫩荚收完，以防冻害。

附：大棚秋豇豆也可采用育苗移栽，先于 7 月中下旬在大棚内或露地搭遮阳棚播种育苗。苗龄 15 ~ 20 天，8 月上中旬定植，穴距以 15 ~ 20 厘米为宜。

13. 春豇豆要适期播种防止倒春寒为害

问: 近段时间只怕是遇上了寒流，播下的豇豆苗叶片萎蔫，有的死了（图1-36、图1-37），没有及时采取防寒措施，请问还有补救措施么？

答: 早春豇豆是露地地膜覆盖栽培的，冷害症状发生较重，大棚栽培的早春豇豆，受冷害较轻，通过加强管理，还是有救的，可采取适时中耕松土，提高地温，临时搭小拱（环）棚保温等措施。

图1-36 大棚内的早春豇豆遇倒春寒冷害较轻的表现

图1-37 大棚内的早春豇豆遇倒春寒受冷害要加强管理

豇豆在气温 15℃以下时，植株生长缓慢；在 10℃以下，根系的吸收能力明显受影响；5℃以下，植株表现出受害症状；在接近 0℃时，茎蔓枯死。

露地春豇豆在遇上"倒春寒"时，会出现不同程度的寒害症状。一是根系吸收能力下降，水分平衡遭到破坏，失水量大于吸水量，植株易萎蔫，甚至干枯。露地直播豇豆苗期或定植后缓苗期遭遇持续低温，极易造成沤根、烂根，发生根腐病。二是植株嫩茎萎蔫、倒伏，处于苗期的豇豆由于植株小、抵抗力差，尤其是正处于缓苗期的植株，如遇温度骤降，嫩茎将失水、萎蔫，严重时植株倒伏。低温还会造成花青素的形成和积累，在茎部出现大量的花青素褐色斑块，茎部轻微木栓化。三是顶芽受害冻死、顶叶变小或主蔓停止生长，受害程度因品种不同而有所差异。四是低温常伴随弱光，导致植物光合速率下降，叶绿素合成受阻，受冷害叶片发生褪绿、黄化现象或出现坏死斑。低温后又突遇晴天，受害叶片组织变得柔软、萎蔫，最终干枯。五是低温冷害对花芽分化造成不良影响，使开花期延迟或造成畸形花和畸形果。

造成冷害的主要原因是播种或定植过早，使幼苗遇上低温期，因寒流来临，使幼苗遭遇为害。

预防春豇豆倒春寒，可采取以下措施。

一是选择耐寒品种。春季种植豇豆宜选择耐寒性较强的品种。

二是培育壮苗。提倡采用育苗移栽，尤其是早春大棚栽培，少用直播。育苗移栽能抑制幼苗的营养生长，促使其开花结荚，还能有效地避免早春低温冻害。在育苗过程中要合理控制肥水和温度，培育壮苗，在移栽前要进行低温炼苗，增强幼苗定植后的抗逆性。

三是关注天气变化。3月中旬至4月底，是豇豆低温冷害的易发阶段，这时期应该密切关注天气预报，在降温前提前加盖薄膜等保温性材料。同时对叶片喷施低浓度的磷酸二氢钾溶液，提高植株的抗寒力。若是露地栽培，可以在低温冷害来临前一天下午，用稻草和塑料薄膜覆盖，可起到极好的保温作用，预防冷害。

对于还有救的豇豆苗，遇倒春寒后可采取以下补救措施。

一是养根护根。在低温冷害发生后，及时中耕培土，疏松土壤，提高地温。低温寡照、土壤湿度较大时，极易发生根腐病，可选用50%多菌灵可湿性粉剂800倍液或15%噁霉灵水剂450倍液等灌根。结合后期浇水，可按使用说明用量追施海藻肥、水溶有机碳肥等有机质肥，促进植株早发多发新根，以提高植株对肥水的吸收能力，减轻后期低温冷害对其影响。

二是叶片喷水。冷害多发生在凌晨到日出前，根据天气预报，如有急剧天气变化，应随时关注气温变化情况，当确认冷害发生后，日出前应多次向植株喷洒大量清水，可以有效避免植株萎蔫，缓解冷害程度。如果出现萎蔫后再进行地面补水是错误的，此时根系活力低，吸水能力弱，不仅达不到补水的效果，反而还容易导致沤根、烂根现象。

如果冷害后突遇晴天，由于温度回升快，尤其是大棚内温度快速上升时，这时要采取措施尽可能让棚内温度缓慢上升，比如加盖遮阳网、提早打开风口等，以利于植株恢复生长。

三是补充营养。及时补充营养可维持植株新陈代谢平衡。如叶面喷施 25% 葡萄糖水剂 800 ~ 1000 倍液或 180 克 / 升氨基酸水剂 1000 ~ 1500 倍液等含糖类、氨基酸类的叶面肥；或叶面喷施 0.01% 芸苔素内酯 3000 倍液等调节植株生长。以上措施可刺激叶片伸展和茎节伸长，促进植株尽快恢复。同时结合浇水进行施肥，每亩冲施磷酸二氢钾 2 ~ 3 千克。

四是防治病害。在遭受低温冷害后，豇豆的抵抗力会显著下降，尤其是露地栽培时，这时正值苗期，植株弱小，极易感染病害。喷施叶面肥时，可以混合喷施 2% 春雷霉素水剂 700 ~ 800 倍液等预防细菌性病害的发生；还应及时剪除受害的枯枝烂叶，避免其霉变而诱发病害。

$14.$ 豇豆连作病害重，最好进行轮作

问： 豇豆死藤现象越来越重（图 1-38），产量越来越低，只怕是种不成了，下一步种什么好？

图1-38　豇豆死藤现象

答: 死藤现象越来越重，产量越来越低，与连作有关。连作导致连作障碍，其中最突出的问题是病害严重、土壤缺素和盐渍现象。

连作容易使土壤中某种元素被大量吸收，引起缺素症，另一些元素又被积累。连作还能引起土壤结构的破坏，长期相同的耕作方式，形成浅耕层，团粒结构被破坏，影响根系生长和作物的生长发育。连作还会导致土壤酸化、盐化和病害蔓延。

连作实际上是豇豆越来越难种的首要原因，也是豇豆无公害生产首先要解决的问题。可通过以下措施克服连作障碍。

一是合理轮作。通过水旱轮作或与非豆科作物实行 2 ~ 3 年轮作、深耕晒垡、休耕、免耕等措施减少病原菌及虫源，减轻病虫害发生，从而减少农药使用量，降低农药污染。

二是使用竹酢液对土壤进行处理。竹酢液为利用竹材在闭气炭化、热分解过程中发生的烟雾，用冷却装置冷却后得到水溶液，经提炼后得到的黄褐色半透明的液体，内含 280 多种成分。豇豆播种前 5 ~ 7 天用竹酢液床土调酸剂（商品名：青之源重茬通）130 倍液处理土壤，生长期每隔 10 天叶面喷施 400 倍有机液肥，能较有效地增强豇豆长势，并对豇豆根腐病有抑制作用，其产量与轮作相当。如在播种前 5 ~ 7 天用 130 倍重茬通处理土壤，能有效克服豇豆连作障碍，中后期采用重茬通灌根，每隔 10 天 1 次，连灌 1 ~ 2 次，效果更好。

三是采用石灰调酸。在田间撒施生石灰，每亩 50 ~ 100 千克，可杀菌消毒，调理土壤理化性质，创造不利于病菌发生的土壤环境条件。

四是土壤消毒。可用甲醛浇于土中，上覆塑料薄膜密封 4 ~ 5 天，后揭除塑料薄膜；或用 50% 多菌灵与 50% 福美双可湿性粉剂混合拌土，杀灭病菌；或每亩用厩肥 100 千克、硫黄 2 千克随基肥施入消毒土壤。

15.防止豇豆土壤盐渍化要从重施有机肥入手

问: 豇豆施了许多肥，但就是不怎么长，有些叶片泛黄，有些叶片小，是什么原因？

答: 这是经常施用化学肥料导致土壤盐渍化而出现的一系列现象（图 1-39）。如土壤板结，根系没有氧气自然也是长不好的。盐渍害抑制根系吸收营养。

有机肥可以源源不断地提供作物生长所需的养分，提高土壤有机质含量，更新土壤腐殖质组成，增肥土壤，改善土壤物理性状，提高土壤保肥、保水能力，提高土壤的生物活性，刺激作物生长，还能提高解毒效果，净化土壤环境。可以说，在蔬菜真正的无公害生产中，必须重视有机肥的施用，否则，仅施用无机化肥，是很难符合无公害生产要求的。豇豆的基肥水平按高产水平应每亩埋施栏肥1500千克或鸡粪1000千克。

16.豇豆根瘤菌自身固氮，但不宜减少氮肥用量

问： 豇豆可自身固氮，是不是可以减少氮肥的用量？

答： 许多菜农都知道，豆科作物有固氮根瘤菌（图1-40所示为豇豆的根瘤），而豇豆又是豆科作物，所以认为豇豆自身固氮，可以减少氮肥的用量，其实不尽然。

图1-39　土壤盐渍害重豇豆长势差　　图1-40　豇豆根瘤

豇豆植株生长旺盛，生育期较长，如之豇28-2等豇豆品种从春季播种到收获长达70多天，采收的时间可维持2个月，所以，豇豆在整个生育期是需肥较多的，特别是对磷肥、钾肥需求较多，在基肥和追肥中应偏重于磷肥、钾肥。但豇豆的根瘤菌在豆类属于不发达的一类，固氮能力较差，在栽培时要想获得高产，除选择肥沃土壤外，要多施有机肥，并适当补施氮素肥料。

氮素肥料的施用必须合理，适时适量。氮肥最好以复合肥的形式掺在基肥中，作追肥时宜在开花结荚后追施，施用过早或过多，容易引起茎叶徒长，造成田间通风不良，结荚率下降。结荚后要及时追施氮肥，

以防止植株早衰，影响二次结荚。

据研究，豇豆因为根瘤菌固氮，每年每公顷可固氮40～200千克（每1千克氮相当于3千克尿素），数量的多少也与许多因素有关。豇豆栽培以土层深厚、土质疏松、排水良好的中性壤土或沙壤土栽培为好。豇豆能忍受稍碱性土壤，但若土壤过于黏重或酸性过强，其根系生长和根瘤菌的活动及固氮能力会受到抑制，影响植株的生长发育。在开花结荚期要注意增施磷钾肥，以促进根瘤菌的活动，并能起到以磷增氮的作用，使豆荚充实，产量提高，品质改善。其生长前期植株较小，固氮能力弱，一般应基施有机肥。最好人工接种固氮菌，增加固氮能力。

17. 大棚豇豆生长期要加强温湿度和肥药等田间管理

问： 豇豆秋延后大棚栽培的地里落了好多的叶片（图1-41），不知是什么原因？

图1-41　豇豆发生根部病害导致的落叶现象

答： 可以看出，主要是管理不到位的原因。豇豆落叶的原因一般有三：一是前期长势过旺，开花前后，若浇水过多会引起落花落荚；二是棚温过高，也容易导致叶片脱落；三是豇豆发生根部病害或根系生长不良时，也会发生落叶现象。这种情况，应加强大棚的管理，提前搞好预防。

①开花前期浇水应合理。豇豆的管理有"干花湿荚"一说，即开花前要适当浇水，不可过度。适当的控水有助于豇豆开花坐果，这段时期应注意小水勤浇，避免大水漫灌，保持土壤有一定的湿度。同时，在底肥施足的情况下，减少氮肥的施用，前期主要以促进生根的肥料为主。

② 调控棚温。豇豆等豆类蔬菜花芽分化适宜温度为 20 ~ 25℃，低于 15℃ 或高于 27℃ 时，极易产生不完全花，所以应注意棚室温度的调节，白天棚室温度保持在 25℃，夜间温度控制在 15℃。秋延后大棚里温度高，要加强揭盖，温度高时裙膜也要高开。

③ 注意平衡植株的生殖生长和营养生长，同时，适当喷施保花保果的产品，优化花芽分化，提高坐荚率。

④ 及时治疗根部病害或者改良土壤环境条件，促进根系快速恢复正常。

18.豇豆早春大棚栽培施肥有讲究

问： 近几年来，早春大棚大多用于栽培辣椒、黄瓜等作物，很少用于种豇豆，请问豇豆早春大棚栽培在施肥方面有何讲究？

答： 正因为早春大棚多用于栽培辣椒、茄子、黄瓜、西葫芦等作物，如果用来种植豇豆，则可提早上市，因数量少，价格相当好。搞好早春大棚栽培豇豆，要施足基肥，及时追肥（图 1-42）。

（1）基肥施用　春季在定植前 15 ~ 20 天扣棚烤地，结合整地每亩施入腐熟有机肥 5000 ~ 6000 千克、过磷酸钙 80 ~ 100 千克、硫酸钾 40 ~ 50 千克（或草木灰 120 ~ 150 千克）。2/3 的腐熟有机肥撒施，余下的 1/3 在定植时施入定植沟内。

豇豆对钙、硼、锌、钼等比较敏感，基肥中也要注意补充，每亩可用硝酸钙 20 ~ 30 千克、硫酸锌 2 千克、硼砂 1 千克、钼酸铵 150 克。

（2）追肥施用　豇豆早春大棚栽培主要是促进提早上市，育苗移栽的，可在定植后，追施甲壳素、海藻酸等促根的功能性肥料，培育健壮根系。然后蹲苗促根下扎。

几个花序显现花蕾时开始浇水追肥。追肥以腐熟人粪尿和氮素化肥为主，结合浇水冲施（图 1-43），也可开沟追肥，每亩每次施腐熟人粪尿 1000 千克（或尿素 20 千克），浇水后要放风排湿。大量开花时尽量不浇水，进入结荚期要集中连续追 3 ~ 4 次肥，并及时浇水。一般每 10 ~ 15 天浇一次水，每次浇水量不要太大，追肥与浇水结合进行，一次清水后间浇一次稀粪，一次粪水后间隔追一次化肥，每亩施入尿素 15 ~ 20 千克。坐住荚后，每亩随水冲施硅肥 4 ~ 5 千克，可促使根系旺、植株健壮，调节植株生长。

图1-42 大棚早春栽培要搞好施肥管理　图1-43 随水冲施肥料

19. 豇豆春露地栽培在施足基肥的基础上要适时追肥

问： 春露地豇豆肥施多了易徒长，施少了结荚又少，请问如何把握好施肥时期和施肥数量？

答： 在生产上，豇豆前期施肥过多，往往导致植株徒长，营养生长过旺，导致生殖生长差，从而推迟结荚。追肥要适时适量，过早追肥易徒长；过迟追肥后劲不足，易早衰，影响产量，提早罢园。此外，追肥还要讲究方法，可结合浇水追肥（图1-44），也可施后覆土。

一般来说，基肥施用，应深翻25～30厘米，畦中开沟，每亩埋施腐熟有机肥1500千克、碳酸氢铵30～40千克、过磷酸钙20～25千克、

图1-44 豇豆结合浇水追肥

硫酸钾20～25千克，缺硼田每亩应加施硼砂2～2.5千克，然后覆土。

　　春露地栽培一般在开花结荚前不追肥。第一次追施在结荚初期，以后每隔7～10天追一次，追肥2～3次，每次每亩施氮钾复合肥15～20千克。从开花后可每隔10～15天叶面喷施0.2%磷酸二氢钾。采收盛期结束前的5～6天，继续给植株以充足的水分和养分，促进翻花。

20.豇豆夏秋露地栽培雨水多，易脱肥，要讲究施肥方法

　　问： 夏秋豇豆栽培中施了不少的肥，但豇豆就是长不高，结的荚也不多，不知是什么原因？

　　答： 夏秋豇豆之所以长势不好，结荚不多，有两个原因：一是夏秋季高温多雨，田间肥料容易被雨水淋失，使植株出现脱肥现象；二是靠河床边的土壤沙性重，犁底层厚，肥料易流失。

　　因此，在施基肥时建议采用条沟集中施足的方法（图1-45），每亩施腐熟有机肥3000千克，高效三元复合肥30千克。对沙土地，可采用地膜覆盖，便于保肥保水，并可避开大雨的冲刷。

　　在追肥方面，要讲究勤施薄施。豇豆出苗后及时施提苗肥，可用淡粪水，也可用少量化肥浇施。以后应适当控制肥水，抑制植株营养生长，如果幼苗生长太弱，可薄施1～2次尿素或粪水。豇豆开花结荚期需肥水较多，每亩可追施复合肥30千克、过磷酸钙10千克、氯化钾5千克。夏秋豇豆结荚期正值8月伏天，植株更易出现"伏歇"现象，应及早增施肥料。

图1-45　有机肥深施覆土

21. 豇豆叶面施肥效果好，但要注意使用浓度和方法

问： 豇豆前段时间还蛮好的，用了某经销商推荐的叶面肥后，发现有叶片畸形、叶卷缩的情况（图1-46），是不是肥害呢？

答： 确实是肥害。豇豆除了施足基肥，适时适量追肥外，通过喷施叶面肥有利于保花保荚、提质增产。但叶面施肥要特别注意浓度，不可过大，否则会出现叶片畸形的现象。叶面施肥最好在傍晚或早晨露水干后9点前进行。叶面施肥后要求4小时内无雨，否则效果很差。

缓苗期和植株结荚期，间隔半月左右，在植株生长关键期连续喷洒海力佳有机水溶肥料1000倍液，或甲壳素叶面肥1000倍液，或核苷酸叶面肥1500倍液等2～3次，可促进花芽分化，提高植株长势，促进豇豆早开花、早上市。

开花结荚期，用萘乙酸钠4毫升、爱多收4毫升兑水15千克叶面喷施1～2次，有利于保花保荚。

生长后期，可每隔10～15天，叶面喷施0.1%～0.5%的尿素溶液加0.1%～0.3%的磷酸二氢钾溶液，或0.2%～0.5%的硼、钼等微肥。

22. 夏秋豇豆要加强管理，防止落花不坐荚

问： 夏秋豇豆长势好，可就是开花少、落花重（图1-47），请问怎么办？

答： 夏季温度高，光照强，是豆类蔬菜生产的高峰期。然而，豆

图1-46 叶面肥浓度加大了一倍产生的药害

图1-47 豇豆落花现象

类蔬菜长势较旺，拔节长，尤其是豇豆等品种，节间很可能超过 30 厘米，往往出现开花少、落花严重等问题，严重影响豇豆产量。

造成落花的原因很多，但总结起来，多是由植株养分失调，长势失衡造成的。如光合作用制造的有机养分供应不足导致落花。或根系吸收的水分和无机盐等无机养分供应不足导致落花。在生产上，要从苗期开始即抓好管理，加强温湿度管理，调节好长势，避免旺长，注重硼、钼的补充，喷施保花保果药剂等。主要措施如下。

（1）抓好苗期管理　一是育好苗。豆类苗好不好，最重要的就是播种后 100 小时棚内最低温度不能低于 20℃。在确保温度适宜的情况下，豇豆出苗整齐，主根生长快，能够形成最佳的根系结构。若温度较低，种子发芽后主根生长慢，严重时甚至出现坏死。在豇豆苗真叶长出时即可定植，不宜过晚移栽。二是抓好苗期补肥。缓苗后，即进入花芽分化期，此时应及时补充促进花芽分化的营养元素。要注重合理追肥，从缓苗水开始，可随水每亩冲施石原金牛悬浮钙 1 升、沃家福海藻酸 500 毫升。浇促棵水时，应注意随水冲施融地美、安融乐、碧护组合，以补充硅肥等营养元素。

（2）加强温湿度管理　棚温过高是造成落花、坐不住荚的主要原因。在管理中要控制棚温白天在 22 ～ 25℃，不要超过 26℃。豆荚坐住后，白天可提高棚温在 24 ～ 28℃。当然，还要做好棚内湿度的控制，花期只要土壤不过于干旱一般不用浇水。当土壤过于干旱时，可于开花结荚前灌根或者浇一次小水。总之，豆类花期土壤要保持干而不旱的状态。

（3）调节长势，避免旺长　可通过适当控水控肥、拉大昼夜温差来防止植株旺长，如果长势过于旺盛，可通过喷洒助壮素来控旺。此外，结荚期偏施氮肥会引起茎叶徒长，落花落荚，降低产量；偏施钾肥则会导致豆荚提前鼓粒。因此豆类蔬菜追肥应以氮钾平衡型为主。

（4）注重硼、钼的补充　在开花前喷施氨基酸钼 500 倍液混速乐硼 1200 ～ 1500 倍液，可提高开花坐荚率。待坐住荚后，再每亩随水冲施硅肥 4 ～ 5 千克。

（5）喷施保花保果药剂　保花保荚的药剂可以每 15 千克水加萘乙酸钠 4 毫升、爱多收 4 毫升，喷施 1 ～ 2 次。另外，要经常拾花或喷施异菌脲，预防灰霉病发生。

23.豇豆开花坐荚前应适当蹲苗控苗，防止营养生长过旺影响开花坐荚

问： 施了好多肥，豇豆长得很茂盛，原以为产量一定很高，却不料别人长得差的都已开始采收豆荚了，我的却没看见什么豆荚（图1-48），这是什么原因呢？

答： 这是因为播种早，温度过低，开花前期肥水过勤，营养生长过旺，导致生殖生长推迟。豇豆苗期，在1～3片复叶正值花穗原基开始分化时，如遇过低温度，其分化受阻，影响基部花穗形成。开花结荚前，尤其是苗期、初花期，对水分特别敏感，如肥水过多，特别是氮肥过多，可使蔓叶生长旺盛，开花结荚节位升高，延迟开花结荚。

出现这种现象，可采用激素进行调控，即在1叶1心时，应用助壮素1500倍液喷雾，以防下胚轴拔节过高。

从第三组叶片形成后，豇豆节间明显拉长，茎蔓生长速度加快，可喷施助壮素1000～1500倍液。株高100厘米左右，茎蔓生长旺盛期，可喷施助壮素750～1000倍液。

营养生长向生殖生长转化期，当茎蔓长到180厘米左右时，可喷施一次750倍的助壮素或矮壮素1500倍液混加硼砂600倍液，控秧促花。

图1-48　豇豆旺长致开花结荚少

营养生长与生殖生长同步期，可喷施 6000 倍的爱多收混加 600 倍的"云大 120"，协调植株生长的平衡关系。

若植株旺长，可喷用 15 ~ 25 毫克/千克的萘乙酸混加 750 倍的助壮素进行控制，以防止旺长，防止落花落荚，促进营养生长向生殖生长转化。

在开花期，若遇阴天，在阴天的前一天应喷施一些促花保荚的调节剂（如硕丰 481、花蕾保等），保花保荚。

此外，追肥浇水要掌握好促控结合，还要科学合理使用氮肥，早期不偏施氮肥，现蕾前少施氮肥，增施磷肥、钾肥，以防茎叶徒长，造成田间通风透光不良，结荚率下降。结荚期和生长后期可追施适量的氮肥，以防早衰。

针对定植过密，造成的田间郁蔽、影响通风透光的情况，建议可采取摘叶的方式，改善田间通透性，提高光合作用的利用率。可根据田间情况，适当摘除植株 1/4 ~ 1/3 的叶片，摘叶同时还有控制植株旺长的功效。

24.豇豆结荚盛期应注意追肥，防止鼠尾现象

问： 豇豆采收了两三次豆荚就开始变短不粗壮了，呈鼠尾状，没有商品性，这是不是品种有问题？

答： 这不是品种问题，品种问题在田间主要是纯度问题，纯度没问题就不是品种问题。这是鼠尾现象（图 1-49、图 1-50），主要原因是没有进行追肥，加上近段时间雨水较多，肥随水走，更加缺肥。因此应注重追肥。

图1-49　豇豆鼠尾现象

图1-50　豇豆鼠尾豆荚

春露地栽培的豇豆，第一次追肥应在结荚初期开始进行，以后每隔 7 ～ 10 天就应追肥一次，连续追施 2 ～ 3 次，一般每次每亩追施三元复合肥（15-15-15）15 ～ 20 千克。另外，豇豆开花后就可每隔 10 ～ 15 天，结合防病治虫用 0.1% ～ 0.5% 的尿素溶液加 0.2% ～ 0.3% 的磷酸二氢钾溶液，或 0.2% ～ 0.5% 的硼、钼等微肥叶面喷施，直至采收结束前一周。

25. 豇豆弹簧形豆荚与施药不当有关

问： 我的豇豆全部都弯曲畸形了（图 1-51、图 1-52），虽然在叶片上没发现什么症状，但还是怀疑是邻居打晚稻秧田的封闭除草剂飘移造成的药害，这里有丝瓜瓣遮挡了的几株，这种打弯的现象少些，就可证明。

图 1-51　豇豆荚呈弹簧状疑为　　　图 1-52　豇豆荚弯曲畸形疑为
药害表现　　　　　　　　　　　　　水稻田封闭除草剂飘移药害

答： 豇豆荚打弯畸形，或呈弹簧状，其可能的原因有品种问题、前期缺硼、温度过高、激素药剂使用不当、药害、病害等，但从田间的豆荚几乎全部都是这样来判断，应是药害无疑。

　　豆类蔬菜对很多药剂敏感，如嘧霉胺、代森锰锌、乙霉威或咪鲜胺等，若施用过量容易使豆荚弯曲。豇豆对噁霜·锰锌非常敏感，易产生药害，造成荚果畸形；也有的豇豆因喷用了铜制剂与炭疽福美出现了药害，轻者荚果弯曲，重者落叶落荚。此外，杀虫剂在施用过程中也应该注意，避免药害产生。当然，也不排除邻居水稻田喷施除草剂飘移产生的药害。

针对豆类蔬菜对药物敏感的特性，介绍几种比较安全有效的杀菌剂供选择。如真菌性病害可选苯醚甲环唑、腐霉·多菌灵、过氧乙酸等，细菌性病害可选噻森铜、叶枯唑等。对于含嘧霉胺、代森锰锌、代森锌或乙霉威成分的药物要慎用或不用，以防产生药害，造成畸形，影响产量和品质，造成不必要的损失。

水稻田喷施除草剂要注意选择在无风天进行，防止除草剂飘移产生药害。

26.喷过水稻除草剂的喷雾器要洗干净后再用于豇豆等蔬菜的喷药防病虫

问： 豇豆苗出现心叶坏死（图1-53），叶正面和背面出现褐色斑块或叶脉变褐现象（图1-54、图1-55），嫩叶出现黄化皱缩症状（图1-56）是什么原因？

图1-53　豇豆心叶坏死　　　　　图1-54　叶片正面褐斑

答： 经了解，农户早2天用喷过水稻除草剂（氰氟草酯和双草醚）的喷雾器喷百菌清、吡虫啉防治豇豆病虫害，喷雾器可能未洗干净，2天后去豇豆地里检查，结果出现如上情况。

如发现得早，可及时用清水淋洗。一般对于植株喷洒农药后引起的药害，如发现及时，可迅速用大量清水喷洒受害部位，反复喷洒

图1-55 叶片背面叶脉变褐　　　图1-56 豇豆嫩叶变黄皱缩

2～3次，尽量将蔬菜植株表面残留的药物洗掉。这种方法对缓解内吸性较差的农药造成的药害效果较好，对内吸性较强的农药引起的药害缓解作用则较差。

将药害严重的部位去除，这对于缓解内吸性药物产生的药害效果较好。内吸性药物被蔬菜吸收后，能够慢慢扩散，从而发挥防治病害的作用。叶片遭受药害后，褪绿变色的枝叶要及时摘除，以遏制药剂在植株体内的渗透传导。

补救办法：建议喷施芸苔素内酯（云大120）、复硝酚钠（爱多收）、核苷酸、细胞分裂素等缓解。为了提高药害恢复速度，除喷用核苷酸、复硝酚钠外，还可以混加甲壳素，能促进恢复，并能减少继发的病害。

此外，提醒菜农注意，用过除草剂的喷雾器、机动喷雾机、弥雾机等都应及时清洗干净，用碱水浸泡处理是解除残留药害的有效方法。除草剂喷洒后，先用清水反复冲洗喷雾器的所有零部件，放入药桶内，药桶加满1%浓度的苏打水溶液，浸泡12～24小时，然后用药桶中的碱水冲洗喷杆、喷头，再用碱水打出喷施几次，清理内部管道的残药。最后用清水冲洗干净，方可再使用。

若喷施的是2,4-滴丁酯等难清洗的除草剂，则需要用0.5%硫酸亚铁溶液浸泡清洗，对作物进行安全测试后才可使用。

27.豇豆生理性黄叶应加强田间管理

问： 前段时间温度低，近几天温度升高后，却发现有些叶片黄化了，奇怪的是中部的叶片黄化多些，叶片较薄（图1-57），这两天长出的叶片又转青了，是不是缺什么元素呢？

答： 从整体上来看，有些叶片上仅有零星的黄点（图1-58），有些整片叶黄化（图1-59），叶片较薄，结合前段时间的低温时间长，近两天的气温突然升高，这应该是由前段时间的低温造成的营养吸收障碍导致的，属生理性黄叶。通过加强管理后，问题应不大。

图1-57　豇豆生理性黄化田间表现　　图1-58　豇豆生理性黄化发病轻的叶片

图1-59
豇豆生理性黄化发病重的叶片局部

　　在豇豆生产上，定植期遇到低温天气，造成豇豆根系发育不良，这是主要原因。豇豆根的再生能力弱，湿度过大，种子容易腐烂，雨水多，土壤湿度大，容易引起沤根，造成上部营养吸收不良，出现叶片黄化的现象。大棚栽培的要注意温度管理，尤其是夜间温度，注意合理调控，防止夜间温度过高，造成豇豆徒长，形成叶片薄而黄的现象。具体措施如下。

一是最好改穴盘育苗为营养钵育苗，可克服穴盘育豆类苗子的缺陷，培育壮苗。使用甲壳素 2 ~ 3 次，有利于培育壮苗。

二是前期要控旺。豆类蔬菜遇有肥水充足时易徒长，可在植株长到 50 厘米时，喷洒助壮素 800 倍液，当植株长到近 2 米时，再喷 1 次助壮素，促进结荚。定植后至 3 片叶时浇 1 次小水，在开花前 1 周再浇 1 次小水，切忌多次浇水。在植株开花结荚前可冲施一次甲壳素，促进生根，不可冲施氮磷钾含量高的肥料，以防旺长。当豆荚长到 5 厘米以上时冲施肥以氮肥为主，不能大量冲施钾肥。在植株 3 ~ 4 片叶时喷施硼砂 600 倍液或氨基酸钼 500 倍液混速乐硼 1200 ~ 1500 倍液，可防止落花落荚。

三是注意养根，预防红根病和灰霉病。

四是防止黄化，采用上喷肥下灌根等措施。叶片可用甲壳素、海藻酸，配合全营养叶面肥喷洒；灌根可用阿波罗 963 养根素等营养型生根剂。

28. 豇豆采收有方法

问： 有的说豇豆采摘以早上为好，有的说晚上好，不知豇豆的采收有何讲究？

答： 豇豆采收时期是否适当，对产品的产量和采后贮藏品质有着很大的影响。采收过早，豆类蔬菜产品还未达到成熟的标准，单荚重最小，产量低，品质差，豆类蔬菜产品本身固有的色、香、味还未充分表现出来，耐贮性也差；采收过晚，果实已经成熟，接近衰老阶段，而贮运中自然损耗大，腐烂率明显增高。因此，确定适宜的采收成熟期是至关重要的。另外，确定适宜的采收期不仅取决于豆类蔬菜产品的成熟度，还取决于豆类蔬菜产品采后的用途、采后运输距离的远近、贮藏方法、贮藏期和货架期的长短以及产品的生理特点。一般就地销售的产品可以适当晚些采收，而作为长期贮藏和远距离运输的产品则应该适当早些采收（图 1-60）。

豇豆鲜销和豇豆加工等，对豇豆的采收有不同的要求。比如加工，希望采得嫩些，这样加工出来的产品比较脆、嫩、甜；而鲜销对产品的要求相对宽一些，一般希望成熟些，豇豆开花后第十四天豆荚充分伸长、加粗，而种子尚未膨大，鲜重最大，若此时采收，产量不仅最高而且品质也最佳（图 1-61）。

图1-60 采摘豇豆　　　　　　　图1-61 适期采收的豇豆嫩荚

豇豆的每1个花序上有2对以上的花芽，但通常只结1对荚。在植株生长良好、营养水平高时，可使大部分花芽发育成花朵，开花结荚。所以，在采收豆荚时，一手捏住荚条，一手护住花序，不要损伤花序上的其他花蕾，更不可连花柄一起摘下，要保护好花序，方可使豇豆陆续开花结荚。

具体采收时间以每天上午10时以前或下午5时以后为宜，最好在下午采收。因为经太阳暴晒，豆荚细胞膨压降低，质地柔软，抽拉时不易折断。阴雨连绵时采收对果荚不利。

29.豇豆分级有标准

问： 有人说豇豆用尺子量来确定等级，不知有这回事么？

答： 确实听说过，这实际上是指对豇豆进行分级处理（图1-62）。

图1-62 豇豆经分级后包装

豆类蔬菜分级是使同等级、同规格、同包装的豆荚在外观上具有均一性,达到商品标准化的过程。在现代商品流通中,农产品绝对不允许混级,必须按照产品的感官指标进行严格的分级,才能进入市场。分级是为了淘汰病、虫、伤等不合格的豆荚,并根据其大小、形状、色泽等感官表现分级,使同一等级、同一规格、同一包装内的豆荚的形状、大小和颜色等方面不存在较大差异。

豇豆分级按照《豇豆》(NY/T 965—2006)中的规定执行。根据对每个等级的规定和允许误差,豇豆应符合下列基本条件:荚果具有本品种特有的颜色;完好,不包括腐烂或变质的产品;无异常的外来水;无异味;无腐烂;无冷害或冻害。

在标准中将豇豆按豆荚的外观品质划分为 3 个等级,分别为特级、一级和二级。具体要求见表 1-1。

表1-1　豇豆等级规格

项目	特级	一级	二级
品种	同一品种		同一品种或相似品种
成熟度	豆荚发育饱满,荚内种子不显露或略有显露,手感充实	豆荚发育饱满,荚内种子略有显露,手感充实	豆荚内种子明显显露
荚果形状	具有本品种特有的形状特征,形状一致	形状基本一致	形状基本一致
病虫害	无	不明显	不严格

在豇豆的分级中,允许有一定范围的误差。按其质量计为:特级豇豆允许有 5% 的产品不符合该等级规定要求,但应符合一级的要求;一级豇豆允许有 8% 的产品不符合该等级规定要求,但应符合二级的要求;二级豇豆允许有 10% 的产品不符合该等级规定要求,但应符合基本要求。

在 NY/T 965—2006 中,还规定了豇豆的规格标准。以豇豆的长度作为划分规格的指标,分为大荚果(大于70厘米)、中荚果(40~70厘米)、短荚果(小于40厘米)3 个规格。同时,规定允许误差,特级不符合规格要求的按长度计不超过 5%；一级不符合规格要求的按长度计不超过 8%；二级不符合规格要求的按长度计不超过 10%。

30.豆类蔬菜红根原因有多种，防治应有针对性

问： 豇豆苗生出来不久，就发现下部的叶片黄化，茎秆细弱，根呈红褐色（图 1-63，图 1-64），这样的植株一般都不经折腾，易死，请问是什么原因？

图1-63　豇豆生理性红根现象　　　　图1-64　豇豆红根根毛细少

答： 这种情况是豆类蔬菜生产上常见的红根现象，其可能的原因有多种，如沤根、炭疽病、根腐病、枯萎病等的侵染，就会出现红根问题，毛细根消失，主根变红。防治豆类红根，关键在于做好前期的预防，后期防治效果较差。

一是搞好养根促壮。基肥应以有机肥、氮肥含量较低的复合肥为主。自育苗期开始用 963 养根素喷施 2 次，定植后浇缓苗水冲施 1 升，冬季间隔 1 水冲施 1 次，其他时间平均每半月冲施 1 次养根素，后期每次冲施 2 升，养根素总用量每亩每茬 10 ~ 15 升。当然，为能体现更好的效果，建议养根素与水溶肥配合使用。

二是搞好生物防治。生物农药在防治豆类蔬菜红根死棵等根部病害上的效果很好。定植前，可应用生物菌剂处理秧苗根系或种子，如用枯草芽孢杆菌、木霉菌等。从缓苗水开始，每亩用太抗枯草芽孢杆菌500克＋哈茨木霉菌500克＋几丁聚糖1千克浇灌植株。后期可每月冲施一次。

　　三是生物菌剂与其他农药混配。如使用枯草芽孢杆菌搭配噁霉灵，可以大大提升防治效果。

　　四是种子包衣。每50千克种子用10%咯菌腈悬浮种衣剂50毫升包衣后播种，药剂先以0.25～0.5千克水稀释后，再均匀拌和种子，晾干后即可播种。也可用62.5克/升精甲·咯菌腈悬浮剂160～400毫升，加水稀释至2升，包衣豆种100千克。

　　五是土壤消毒。对连作地，可在翻耕整地后播种前5～7天，选择阴天或晴天傍晚，每亩用99%噁霉灵原药125克和25%咪鲜胺乳油1250毫升混用，兑水1000～1200千克，或用99%噁霉灵原药200克和45%敌磺钠可溶性粉剂2000克混用，兑水1000～1200千克，均匀喷洒畦面消毒土壤。

　　六是药剂蘸盘。采用穴盘育苗的，在定植时先把2.5%咯菌腈悬浮剂1200倍液配好，取15升放在长方形容器中，再将穴盘整个浸入药液中蘸透即可。

　　七是药剂灌根。若因根腐病或枯萎病造成红根，可于发病初期，选用50%多菌灵可湿性粉剂500倍液，或78%波尔·锰锌可湿性粉剂600倍液，或3%多抗霉素水剂600～800倍液，或20%络氨铜水剂400倍液，或15%噁霉灵水剂450倍液，或2.5%咯菌腈乳油1000倍液，或80%多·福·福锌可湿性粉剂500～700倍液，或50%氯溴异氰尿酸可溶性粉剂800～1000倍液，或20%二氯异氰尿酸钠可溶性粉剂400～600倍液等药剂，轮换喷淋或浇灌。最好是在出苗后7～10天或定植缓苗后开始灌第一次药，不管田中是否发病。每亩60～65天，或每株灌兑好的药液200～250毫升，隔10天左右1次，连续防治2～3次。

　　八是药剂喷雾。若因炭疽病造成红根，可在发病初期即开始喷药预防，药剂可选用70%代森联干悬浮剂600～800倍液，或20%噻菌铜悬浮剂500～600倍液，或50%醚菌酯干悬浮剂3000～4000倍液，或25%嘧菌酯悬浮剂1000～1500倍液，或70%丙森锌可湿性粉剂 600 ～ 800 倍液，或 25% 溴菌清可湿性粉剂 500 倍液，或 78% 波尔·锰锌可湿性粉剂 600 倍液，或 75% 百菌清可湿性粉剂 600 倍液，或 10% 苯醚甲环唑水分散粒剂 1000 ～ 1500 倍液等轮换喷雾，苗期防治 2 次，结荚期防治 1 ～ 2 次，每次间隔 5 ～ 7 天，连防 2 ～ 3 次。也可选用上述药剂灌根防治炭疽病造成的红根现象。

31. 大棚豇豆低温高湿谨防灰霉病

问： 这段时间雨水多，湿度大，豇豆不好施药，许多叶片上有一层灰色的霉（图 1-65、图 1-66），发展很快，不知有何防治办法？

图 1-65　豇豆灰霉病茎蔓发病状　　　图 1-66　豇豆灰霉病叶片发病状

答： 这是豇豆灰霉病，该病除了为害叶片，还为害茎蔓、花和豆荚，致落花不结荚，对生产的影响很大，加上雨水多，喷药又增加了湿度，可能会降低防治效果。特别是大棚栽培发生重，严重时导致毁灭性失收。

防治该病，仅依靠药剂防治效果不佳，一定要采取综合措施进行防控。

农业防治。要想法降低大棚内湿度，提高棚内夜间温度，增加白天通风时间。及时拔除病株。

定植后出现零星病株即开始喷药防治，可选用 65% 硫菌·霉威可湿性粉剂 1500 倍液，或 50% 腐霉利可湿性粉剂 1500 ～ 2000 倍液，或 50% 异菌脲可湿性粉剂 1500 倍液，或 50% 乙烯菌核利可湿性粉剂 1000 ～ 1500 倍液，或 45% 噻菌灵悬浮剂 4000 倍液，或 50% 混杀硫悬剂 800 倍液等喷雾防治，隔 7 ～ 10 天喷施 1 次，连续防治 2 ～ 3 次。

喷药时，应在上午 9 时之后，叶面结露干后进行，一定不要在下午 3 时以后喷药，否则将增高棚内湿度，降低防治效果。

不适宜喷药时，可采用烟熏的方法，每亩使用 10% 腐霉利烟剂 200 ～ 250 克或 45% 百菌清烟剂 250 克，于傍晚闭棚时熏烟。

也可于傍晚喷施粉尘剂，每亩可使用 5% 百菌清粉尘剂、10% 杀霉灵粉尘剂或 6.5% 甲霉灵粉尘剂 1 千克，每 7 天使用 1 次，连续使用 2 ～ 3 次。

32.早春豇豆结荚期雨水多谨防疫病为害

问：春豇豆到了结荚的高峰期，经常出现叶片腐烂、坏死现象，有的迟豇豆刚上架就出现藤子缢缩死亡的情况，不知是怎么回事？

答：根据图片（图 1-67 ～ 图 1-70）判断应该是豇豆疫病，该病是土传病害，之所以每到这个时候就发病，除了与多年连作有关外，雨水多、温度适宜，而又不能用药防治有关。该病以生长后期为盛，主要危害茎蔓和叶片，有时也能危害豆荚。

图1-67　豇豆疫病发病株　　图1-68　豇豆疫病叶片不规则灰绿色坏死斑皱缩不平整，晴天干燥后病处青白色

茎蔓发病，常表现在节间，缢缩明显与否，因茎蔓木质化程度而异。天气潮湿时，皮层腐烂后表面长有稀疏的白霉。叶片发病，起初产生呈水渍状暗绿色不规则坏死斑，病斑中间灰褐色，皱缩不平整，湿度大时，表面生有稀疏的白霉，严重时，引起叶片腐烂，晴天干燥后病处青白色，

图1-69　豇豆疫病蔓茎节暗绿色水渍状缢缩变细

图1-70　豇豆疫病蔓茎节倒折病部以上死亡

易破碎。此外，叶柄、花梗以及豆荚均可发病，最显著的特征是病部在潮湿情况下可生稀疏白霉。

夏季雨多，特别是雨后暴晴，豇豆疫病发展快，病地重茬发病重。露地栽培感病流行期为6～7月。因此，要根据发病规律，提前在雨季前做好预防。

对不能采用轮作的重病地，可在"三夏"高温期间进行处理。拉秧后，每亩施生石灰100千克，加碎稻草500千克，均匀施在地表上。深翻土壤40～50厘米，起高垄30厘米，垄沟里灌水，要求沟里处理期间始终装满水，覆盖地膜，四周用土压紧，处理10～15天。

在病害刚刚发生时，可选用80%三乙膦酸铝可湿性粉剂400倍液，或70%乙铝·锰锌可湿性粉剂400倍液，或2%氨基寡糖素水剂500倍液，或50%甲霜铜可湿性粉剂600倍液，或58%甲霜·锰锌可湿性粉剂500倍液等喷雾防治。

发病比较多时，可选用64%噁霜灵可湿性粉剂400～500倍液，或72%霜脲·锰锌可湿性粉剂600～800倍液，或68%精甲霜·锰锌水分散粒剂600～800倍液，或50%氟啶胺水剂800倍液，或18.7%烯酰·吡唑酯水分散粒剂800倍液，或60%吡唑·代森联水分散粒剂1200倍液，或52.5%噁酮·霜脲水分散粒剂2000～3000倍液，或69%烯酰·锰锌可湿性粉剂1000倍液，或560克/升嘧菌·百菌清悬浮剂600倍液，或66.8%丙森·异丙菌胺可湿性粉剂600～800倍液，或84.51%霜霉威·乙膦酸盐可溶性水剂600～1000倍液，或72%丙森·膦酸铝可湿性粉剂800～1000倍液，或440克/升双炔·百菌清悬浮剂 600 ～ 1000 倍液等喷雾防治。隔 6 ～ 7 天喷 1 次，农药交替使用，连续喷 3 ～ 4 次。除喷叶、荚之外，重点喷茎蔓部。施药应根据天气预报，抢在雨前 5 ～ 7 天喷药，并尽量做到药前清除病残体，提高药剂防治效果。

33. 干旱季节注意提前至雨前早防豇豆白粉病

问： 这段时间雨水多，几天不见，突然发现豇豆叶片上像是撒了一层石灰（图 1-71），豆荚结得少，要不要防治？

答： 当然要防治，这是豇豆白粉病，在南方发生比较普遍。最初，叶面产生白色小斑点（图 1-72），不及时防治，后期上面覆盖一层白色粉末状霉（图 1-73、图 1-74），导致提前落叶，并影响结荚。雨量偏少的年份发病比较重。在时间上，感病流行期为 3 ～ 6 月和 10 ～ 12 月。

图 1-71　豇豆白粉病田间发病状

图 1-72　豇豆白粉病叶初现小斑点

图 1-73　豇豆白粉病后期紫色斑上覆盖白色粉末

图 1-74　豇豆白粉病叶柄发病状

有机蔬菜，可在发病前或病害刚发生时，喷27%高脂膜乳剂100倍液，或0.4%蛇床子素可溶性粉剂600～800倍液，隔6天喷1次，连喷3～4次，效果良好。

发病前，可选用25%咪鲜胺乳油1000～1500倍液，或40%嘧霉胺悬浮剂1000～1500倍液喷雾。注意：大棚用药后应通风，否则叶片可能有褐色斑点。

也可选用72.2%霜霉威水剂600～1000倍液，或10%苯醚甲环唑水分散粒剂800～1200倍液，或30%苯甲·丙环唑乳油3000倍液，或25%嘧菌酯悬浮剂1000～1200倍液，或62.25%腈菌唑·锰锌可湿性粉剂600倍液，或47%春雷·王铜可湿性剂800～1000倍液，或40%氟硅唑乳油8000～10000倍液，或30%氟菌唑可湿性粉剂2000倍液，或25%三唑酮可湿性粉剂1500倍液，或300克/升醚菌·啶酰菌悬浮剂2000～3000倍液等喷雾防治，隔7天喷1次，连喷2～3次。前密后疏，交替喷施。

34. 豇豆开花结荚后注意防治轮纹病

问： 豇豆叶片上有一些红褐色的圆形病斑，豆荚上也有红褐色的小点，失去商品性，请问如何防治？

答： 这是豇豆轮纹病（图1-75～图1-77），病原为多主棒孢，分生孢子倒棍棒形至圆筒形，为近几年来一种常见病害，早些年未见过，可能是种传病害。高温高湿的天气及栽植过密、通风透光差等易诱发本病。在长江中下游地区，一般在5～9月高温季节均有发生，大棚秋豇豆10～11月亦有发生。

图1-75　豇豆轮纹病田间发病普遍

图1-76　豇豆轮纹病叶片上的病斑

图1-77 豇豆轮纹病病荚上的病斑赤褐色有轮纹

一般应从开花结荚期，选用 80% 代森锰锌可湿性粉剂 600 倍液，或 25% 嘧菌酯悬浮剂 1000 ~ 2000 倍液，或 70% 丙森锌可湿性粉剂 600 ~ 800 倍液，或 45% 百菌清可湿性粉剂 800 ~ 1000 倍液等喷雾，可预防多种病害。

发病初期，可选用 20% 咪鲜胺乳油 1500 ~ 2000 倍液，或 20% 噻菌铜悬浮剂 500 ~ 600 倍液，或 77% 氢氧化铜可湿性粉剂 500 倍液，或 560 克 / 升嘧菌·百菌清悬浮剂 800 ~ 1200 倍液，或 20% 苯醚·咪鲜胺微乳剂 2500 ~ 3500 倍液，或 40% 氟硅唑乳油 6000 ~ 8000 倍液，或 47% 春雷·王铜可湿性粉剂 800 倍液，或 40% 腈菌唑乳油 3000 倍液等喷雾。每 10 天喷药 1 次，共 2 ~ 3 次。

35. 高温高湿季节谨防煤霉病为害豇豆

问：近段时间雨水多，豇豆叶片上长了好多的"煤污"，有些豆荚上也有，请问有何办法解决？

答：长"煤污"（图1-78 ~ 图1-80）即发生了豇豆假尾孢叶斑病，又叫煤霉病、叶斑病、叶霉病、煤污病等。病原有灰色假尾孢或菜豆假尾孢。煤霉病为豇豆上的常见病害，田间高湿或高温多雨有利于发病。菜农常常不当回事，因而发病往往较重，严重时可使植株中下部大量叶片或茎蔓枯干，导致提早罢园。

在农业生产上，应及时清除田间的病残体，深翻畦土将病残体埋入

图1-78 豇豆煤霉病叶片正面病斑　　图1-79 豇豆煤霉病叶背面密集的
　　　　　　　　　　　　　　　　　　　　　黑色霉层

图1-80
豇豆煤霉病在荚上的表现

土壤深处，高畦深沟地膜覆盖栽培。发现病叶，及时摘除，将带菌的叶柄、茎秆连带根部剪除。

　　一旦发现病害，应及时用药防治，可选用50%多菌灵可湿性粉剂500～600倍液，或80%代森锰锌可湿性粉剂600倍液，或50%甲基硫菌灵可湿性粉剂500～1000倍液，或47%春雷·王铜可湿性粉剂800倍液，或78%波尔·锰锌可湿性粉剂500～600倍液，或77%氢氧化铜可湿性粉剂1000倍液，或14%络氨铜水剂600倍液，或70%丙森锌可湿性粉剂600～800倍液，或10%苯醚甲环唑水分散粒剂800～1200倍液，或25%嘧菌酯悬浮剂1500～2000倍液，或25%吡唑醚菌酯乳油2000～3000倍液，或30%苯甲·丙环唑乳油3000倍液，或320克/升苯甲·嘧菌酯悬浮剂1500～2000倍液，或50%咪鲜胺可湿性粉剂2000倍液，或40%氟硅唑乳油6000～8000倍液等喷雾防治，隔7～10天喷1次，连喷3～4次。前密后疏，药剂交替用药，一种农药在一种作物上只用一次。

36.豇豆生产要注意常见病害红斑病的防治

问：豇豆生产经常发现下部的叶片上有许多的红色大病斑（图1-81），后期叶片常枯萎，大量落叶，后劲不足，请问如何防治？

答：这是豇豆生产上的一种常见病害，叫豇豆红斑病，又称尾孢灰星病、尾孢叶斑病、叶斑病等，主要为害夏播豇豆。叶片染病，多从下部老叶上先发病，逐渐向上蔓延。病斑大小不等，直径3～18毫米（图1-82、图1-83），中央灰白色至浅红色，边缘为红褐色，上着生灰黑色霉层，隐见轮纹（区别于煤霉病），病健较明显（区别于煤霉病），叶片枯萎，导致大量落叶，严重影响产量和持续结荚能力。豆荚发病时，则出现较大红褐色病斑，病斑中心黑褐色，后期密生灰黑色霉层，使豆荚失去商品性。秋季多雨连作地或反季节栽培地发病重。

图1-81 豇豆红斑病下部老叶发病状

图1-82 豇豆红斑病初发病状

图1-83
豇豆红斑病叶片上的典型病斑

因此，对夏秋种植的豇豆，最好在雨后进行预防，或在发病前、发病初期，选用50%多·霉威可湿性粉剂1000～1500倍液，或75%百菌清可湿性粉剂600倍液，或30%碱式硫酸铜悬浮剂400倍液，或 75% 肟菌·戊唑醇水分散粒剂 2000 倍液，或 70% 甲基硫菌灵可湿性粉剂 1000 倍液，或 14% 络氨铜水剂 300 倍液，或 30% 苯甲·丙环唑乳油 3000 倍液，或 28% 霉威·百菌清可湿性粉剂 600 ～ 800 倍液，或 25% 嘧菌酯悬浮剂 1500 ～ 2000 倍液，或 50% 多·霉威可湿性粉剂 1000 ～ 1500 倍液，或 70% 丙森锌可湿性粉剂 500 倍液等喷雾防治，7 ～ 10 天喷 1 次，连续防治 2 ～ 3 次。

37. 豇豆生长期前期谨防根腐病毁苗

问： 每年的豇豆藤开始长得蛮好的，一到开花结荚就发现一株株的叶片发黄（图1-84），然后萎蔫死掉，严重时差不多整块地都完了，不知怎么进行防治？

答： 这种情况多为豇豆根腐病（图1-85 ～ 图1-87）所致，它是典型的高温高湿型病害，也是造成豆类红根的重要原因。早春豇豆的开花坐荚期正值雨水多的季节，加上豇豆连作，故发病更重。根腐病也是

图1-84　豇豆根腐病植株下部叶片变黄　图1-85　豇豆根腐病植株已发黄萎蔫

图1-86　豇豆根腐病根茎处发红　图1-87　豇豆根腐病维管束已纤维化

豇豆生产上发病最重，为害最大，防治较困难的病害，常常导致毁园。该病早在出苗后7天就开始发病，但早期症状不明显，直到开花结荚期才显症。发病初期部分毛细根变褐色，然后下部叶片变黄，根系病部产生褐色或黑色斑点，向上、向下蔓延，重病株的维管束呈红褐色，并向茎部延伸，最后根皮腐烂，露出维管束，根系坏死，地上部茎叶萎蔫或枯死。有时病部会产生粉红色霉状物。

因此，要搞好该病的防治，从定植后就应进行预防，特别是连作地。

豇豆根腐病和枯萎病发病特点有许多共同之处，两病防治可结合进行。但根腐病多发生于播后20天内的幼苗，故防治上应以保护幼苗为重点，提前做好灌药预防。若从外观上看到发病症状时再用药，效果较差。防治根腐病，关键是做好前期预防。

一是播种前进行土壤处理。豇豆连作地在翻耕整地后播种前5～7天，选择阴天或晴天傍晚，每亩用99%噁霉灵原药125克和25%咪鲜胺乳油1250毫升混用兑水1000～1200千克，或用99%噁霉灵原药200克和45%敌磺钠可溶性粉剂2000克混用兑水1000～1200千克，均匀喷洒畦面消毒土壤。同时应注意，敌磺钠作为防治豇豆根腐病常规药剂，由于长期使用，豇豆根腐病病菌对其产生了抗药性，防治效果有所下降，建议对其有抗性的地区适当减少使用频率，待病菌对其抗药性降低后再使用。

二是药剂蘸盘。采用穴盘育苗的，在定植时先把2.5%咯菌腈悬浮剂1200倍液配好，取15千克放在长方形容器中，再将穴盘整个浸入药液中蘸透即可，可有效防治根腐病、枯萎病等土传病害。

三是定植时药剂灌蔸。定植时，可每亩用70%甲基硫菌灵1～1.25千克拌细干土25千克，撒在定植穴中；也可以用70%甲基硫菌灵1000倍液、50%多菌灵可湿性粉剂600倍液或20%甲基立枯磷乳油1200倍液等浇灌，当药液渗下后，再覆土，以减少土壤中的病原菌。如果是多年种植的老棚，则可结合夏季高温闷棚处理土壤。

四是增施生物菌肥。生物菌肥应普施与穴施相结合。配合翻地施肥，可普施生物菌肥80～100千克；定植前，穴施生物菌肥40～60千克，可有效预防根腐病病菌侵染根系。

五是定植后促根防病。定植缓苗后，可随水冲施甲壳素类、氨基酸类生根剂，促进新根再生，提高根系抗逆能力。日常管理中，要注意合理浇水，避免大水漫灌，以防浇水过大造成沤根。

六是药剂灌根。发病初期，选用 50% 多菌灵可湿性粉剂 500 倍液，或 78% 波·锰锌可湿性粉剂 600 倍液，或 3% 多抗霉素水剂 600 ~ 800 倍液，或 20% 络氨铜水剂 400 倍液，或 15% 噁霉灵水剂 450 倍液，或 70% 敌磺钠 1500 倍液，或 2.5% 咯菌腈乳油 1000 倍液，或 80% 多·福·福锌可湿性粉剂 500 ~ 700 倍液，或 20% 二氯异氰尿酸钠可溶性粉剂 400 ~ 600 倍液，或 50% 氯溴异氰尿酸可溶性粉剂 800 ~ 1000 倍液，或 25% 咪鲜胺乳油 1000 倍液，或 80 亿/毫升地衣芽孢杆菌水剂 500 ~ 750 倍液等药剂，轮换喷淋或浇灌，最好是在出苗后 7 ~ 10 天或定植缓苗后开始灌第一次药，不管田中是否发病。每亩 60 ~ 65 升，或每株灌兑好的药液 200 ~ 250 毫升，隔 10 天左右一次，连续防治 2 ~ 3 次。

或选用组合药剂，如选用 50% 福美双可湿性粉剂 500 ~ 700 倍液 +50% 异菌脲可湿性粉剂 800 ~ 1000 倍液，或 72.2% 霜霉威水剂 700 倍液 +70% 噁霉灵 1500 倍液，或 99% 噁霉灵 3000 倍液 +50% 多·福·溴 500 倍液，或 72.2% 霜霉威水剂 1000 倍液 +14% 络氨铜水剂 300 倍液灌根。灌根时要注意用药量，苗期每棵 200 克药液即可，确保药液能下渗至根系周围。

38. 豇豆开花结荚期谨防枯萎病为害毁苗

问： 豇豆刚开花，就陆续发现一些植株萎蔫，一出太阳，过几天就死了，有什么防治办法吗？

答： 该病是豇豆生产上常发的枯萎病（图 1-88），发病的时段是豇豆开花结荚期，发病时间常在 5 月份中旬，这个时候高温多雨，因是土传病害，所以通过雨水可快速传播，严重时可导致毁园。

在田间，一旦发现植株萎蔫的现象，原则上，此时植株的维管束已被枯萎病病菌堵塞（图 1-89），已无药可救，只能拔除并运出田外，最好在病穴撒石灰乳 500 克以上，以控制病原菌蔓延。

有机生产，可从豇豆 5 ~ 7 叶期开始，用高锰酸钾 800 ~ 1000 倍液喷雾，每 5 ~ 7 天 1 次，连续喷 3 ~ 4 次。用 80 亿/毫升地衣芽孢杆菌水剂 500 ~ 750 倍液喷淋或浇灌，最好是在出苗后 7 ~ 10 天或定植缓苗后开始灌第一次药，不管田中是否发病。每亩 60 ~ 65 升，或每株灌兑好的药液 200 ~ 250 毫升，隔 10 天左右 1 次，连续防治

图1-88 豇豆枯萎病根茎部皮层 图1-89 豇豆枯萎病根茎部的
开裂，叶片萎蔫 维管束变褐色

2～3次。或每亩用1亿菌落形成单位（cfu）/克枯草芽孢杆菌微囊粒
剂（太抗枯芽春）500克+3亿菌落形成单位（cfu）/克哈茨木霉菌可
湿性粉剂500克等微生物菌剂灌根，7～10天1次，连灌3次，可结
合定根水、缓苗水、活棵水进行。

　　无公害或绿色食品生产，对周围或全田，采用药剂灌根的办法。可
选用50%甲基硫菌灵可湿性粉剂400倍液，或2%嘧啶核苷类抗生素
水剂200倍液灌根，或选用60%多菌灵盐酸盐可湿性粉剂600倍液、
70%敌磺钠可湿性粉剂600～800倍液、47%春雷·王铜可湿性粉
剂500倍液、70%噁霉灵可湿性粉剂1000～2000倍液、10%苯醚
甲环唑水分散粒剂300～400倍液等轮换灌根，隔7～10天再灌1次，
每株灌根250毫升药液。

39.豇豆高温期谨防锈病

　　问：豇豆叶片的正反面都有星星点点的黄白色小斑点（图1-90、
图1-91），几天就发展到满园都是，植株很快就衰败了，不知怎么防
治？

　　答：这是豇豆发生了锈病，这个病比较难治，特别是已经大发生
的，其产生的夏孢子、冬孢子等通过风、雨传播特别快，每年的5～10
月均易发生，豆田低洼、排水不良、种植过密、通风透光不良、搭架造
成田间过湿的小气候等均利于病害发生。当遇到连续小雨或中雨，易造
成病害流行。因此，要及时观察，一旦发现有少量发生，就应及时用药
防治。

图1-90 豇豆锈病田间发病　　　　图1-91 豇豆锈病病叶

　　在农业生产上，应选择地势干燥、排水良好的地块种植，雨后及时排水，在病害初发期，保护地要及时通风，降低棚内湿度。合理布局，秋豇豆最好远离夏豇豆地种植。多施腐熟有机肥，增施磷钾肥。合理密植，及时摘除中心病叶，收获后清除田间病残体，集中深埋。

　　有机生产，在病害刚发生时，可选用1∶1∶200波尔多液、0.5%蒜汁液、1∶4∶（400～600）铜皂水液或0.4%蛇床子素可溶液剂600～800倍液防治。隔5天喷1次，连喷3～4次。还可用孢子浓度为1×10^{8}个孢子/毫升的绿色木霉悬浮液进行土壤或种子处理。

　　无公害或绿色食品生产，病害刚发生时，可以用2%嘧啶核苷类抗生素水剂150倍液，隔5天喷一次，连喷3～4次。发病前，可选用25%丙环唑乳油3000倍液，或12.5%烯唑醇可湿性粉剂4000倍液，或75%百菌清可湿性粉剂600倍液，或40%氟硅唑乳油8000倍液，或50%咪鲜胺锰盐可湿性粉剂1500～2500倍液，或250克/升嘧菌酯悬浮剂1000～2000倍液，或10%苯醚甲环唑水分散粒剂1500～2000倍液，或15%三唑酮粉剂1000倍液，或70%甲基硫菌灵可湿性粉剂1000倍液，或70%硫黄·锰锌可湿性粉剂500～800倍液，或29%吡萘·嘧菌酯悬浮剂1200～1500倍液，或40%腈菌唑可湿性粉剂4000～5000倍液等轮换喷雾。每隔7～10天喷1次，连续2～3次，每次建议用不同的药。

40.豇豆栽培从苗期开始要防好炭疽病

问: 豇豆苗经常出现根茎部红褐色开裂的现象，然后苗子就倒了、死了（图1-92），成苗率低，用什么药好？

答: 这是豇豆炭疽病，该病是豇豆的重要病害之一，从幼苗期到收获期都可发生。发病早时，轻则生长停滞，重则植株死亡，影响成苗率和整体产量。幼苗染病时，子叶、子茎、叶柄上出现细条形或梭形病斑（图1-93），褐色至红褐色，稍凹陷或龟裂，终致幼苗枯死，患部可发现小黑点，这是炭疽病的典型病征。叶片染病，叶上先出现淡红褐色小点，后逐渐发展成圆形至不定形病斑（图1-94），边缘褐色，中部淡褐色，具黄色晕圈，呈轮纹状排列，斑面隐现不明显云纹，后期病斑相互融合，造成大面积枯死。湿度大时呈现朱红色小点病征。若气温25～28℃，相对湿度95%，3天即可发病，流行速度快，短期内可大流行。在时间上，4～5月和8～11月均要注意防止该病的发生。

图1-92　豇豆炭疽病田间发病状

图1-93　豇豆炭疽病茎蔓紫红色条斑

图1-94
豇豆炭疽病病叶

育苗时，要搞好种子消毒。采用药土营养钵育苗，按［75% 百菌清可湿性粉剂 +70% 硫菌灵可湿性粉剂（1:1）］：肥土 =1:500 配成药土；或穴播时药土护种（苗）；或移苗时药土护苗（穴施药土）。出苗后至抽蔓上架前，喷施上述药剂 1000 ～ 1500 倍液，或采用 25% 咪鲜胺乳油 1000 倍液、10% 苯醚甲环唑水分散粒剂 1000 倍液、60% 唑醚·代森联可分散粒剂 1000 倍液等喷雾防治 2 ～ 3 次，隔 7 ～ 10天 1 次。

有机生产，可选用波尔多液（1:1:200）、0.5% 蒜汁液或铜皂水液［1:4:（400 ～ 600）］防治。还可用孢子浓度为 1×10^8 个 / 毫升的绿色木霉孢子悬浮液进行土壤或种子处理。

无公害或绿色生产，在发病初期即开始喷药预防，苗期防治 2 次，结荚期防治 1 ～ 2 次，每次间隔 5 ～ 7 天。药剂可选用 25% 咪鲜胺乳油 1000 ～ 1500 倍液，或 80% 多·福·锌可湿性粉剂 600 倍液，或 50% 醚菌酯干悬浮剂 3000 ～ 4000 倍液，或 20% 噻菌铜悬浮剂 500 ～ 600 倍液，或 80% 炭疽福美可湿性粉剂 800 倍液，或 25% 嘧菌酯悬浮剂 1000 ～ 1500 倍液，或 66% 二氰蒽醌水分散粒剂 1500 倍液，或 78% 波尔·锰锌可湿性粉剂 600 倍液，或 25% 溴菌腈可湿性粉剂 500 倍液，或 10% 苯醚甲环唑水分散粒剂 1000 ～ 1500 倍液，或 20% 硅唑·咪鲜胺水乳剂 2000 ～ 3000 倍液，或 20% 苯醚·咪鲜胺微乳剂 2500 ～ 3500 倍液等，轮换喷雾防治，每隔 7 ～ 10 天喷1 次，连续防治 2 ～ 3 次。喷药要周到，喷药后遇雨应及时补喷，施药时注意保护剂与治疗剂的混用和轮用。

41.豆类蔬菜病毒病要虫病兼治

问: 豇豆的叶片花花绿绿的，不知道可用什么药防治？

答: 这是豇豆病毒病（图1-95），又叫花叶病毒病、坏死花叶病。得病后，植株长势慢，开花坐荚能力差，结出的豆荚也变细、变硬。当生产上少量出现时，可及时人工拔除。此外，要采取防治蚜虫、飞虱等害虫和用药钝化病毒的"两手都要硬"措施。

发病初期，可选用磷酸二氢钾 250 ～ 300 倍液、高锰酸钾 1000 倍液进行预防，或选用混合脂肪酸 100 倍液、0.5% 菇类蛋白多糖水剂 300 倍液、20% 吗啉胍·乙铜可湿性粉剂 500 倍液、8% 宁南霉素

图1-95　豇豆病毒病病叶

200倍液等轮换喷雾防治，隔7～10天喷1次，连喷3～4次。并注意浇水，可减轻损失。

42.豇豆根结线虫病一旦发生要下硬功夫防治

　问：豇豆藤出现长不高、叶片翻黄的现象，不知是什么原因造成的？

　答：这个情况要从植株的根部找原因，长不高、叶片翻黄说明与植株的营养吸收有关。拔出植株，发现根部有大小不等的小瘤状物（图1-96），这是根结线虫病的症状。该病常导致地上部生长衰弱、小、色浅、不结荚或结荚不良，天气干旱或土壤中缺水的中午前后常表现为萎蔫状。

　　常为南方根结线虫和爪哇根结线虫为害，根结线虫多在土壤3～30厘米处生存，以卵或2龄幼虫随病残体遗留在土壤中越冬，病土、

图1-96　豇豆根结线虫病

病苗及灌溉水都可传播。因此，一旦发生，要引起高度重视，否则蔓延开来，对其他蔬菜也有危害。

在生产上，一是要培育无虫苗，二是用药剂处理有病土壤。定植前，每亩用10%噻唑膦颗粒剂2千克、0.8%阿维菌素微胶囊悬浮剂0.96克或0.5%阿维菌素颗粒剂3～4千克处理土壤，药剂先与20千克细土拌匀，撒施后与15～20厘米深的土层拌匀，然后开沟作畦或起垄。

应急时，可浇灌1.8%阿维菌素乳油3000倍液。

43. 暴雨转晴谨防豇豆细菌性疫病"烧叶"

问： 豇豆叶片从叶尖和边缘开始变色，像火烧一样一大片，不知对生产的影响大不大？

答： 已经呈火烧状了，肯定影响后期的开花结荚。这是豇豆细菌性疫病（图1-97），俗称叶烧病，主要为害叶片，也为害茎和荚。叶片发病，常从叶尖和边缘开始，初为暗绿色水渍状小斑，后期病斑扩大成不规则形的褐色至红褐色坏死斑，周围有黄色晕圈（图1-98），一般直径不超过5毫米，数个病斑可融合为大斑，严重时病叶变黄早落或穿孔。病部变硬，薄而透明，易脆裂。此病叶片也可无斑点而表现萎蔫，茎秆上产生溃疡或大裂缝。

图1-97　豇豆细菌性疫病田间发病

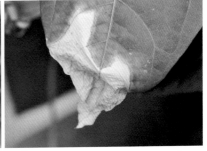
图1-98　豇豆细菌性疫病发病病叶

主要发病盛期在4～11月。高温高湿、雾大露重或暴风雨后转晴的天气，最易诱发该病。

发病前或发病初期，可选用77%氢氧化铜可湿性微粒粉剂500倍液，或50%二氯异氰尿酸钠可溶性粉剂300倍液，或14%络氨铜水剂 300 倍液，或 65% 代森锌可湿性粉剂 500 倍液，或 88% 水合霉素可溶性粉剂 1500～3000 倍液，或 3% 中生菌素可湿性粉剂 600～800 倍液，或 20% 噻菌铜悬浮剂 1000～1500 倍液，或 47% 春雷·王铜可湿性粉剂 800 倍液，或 20% 噻唑锌悬浮剂 600～1000 倍液，或 86.2% 氧化亚铜可湿性粉剂 2000～2500 倍液，或 50% 琥胶肥酸铜可湿性粉剂 500 倍液，或 20% 叶枯唑可湿性粉剂 600～800 倍液，或 90% 新植霉素可溶性粉剂 4000 倍液等喷雾防治。隔 7～10 天 1 次，连续 2～3 次。

或选用复配剂 20% 噻唑锌悬浮剂 300～500 倍液 +12% 松脂酸铜乳油 600～800 倍液等喷雾防治。

44. 豇豆生产上应及时防治豆蚜防止其传播病毒病

问:（现场）几天不见，这豇豆上的豆蚜发展得这么快，用哪些药剂可以防治？

答: 豆蚜（图 1-99）很好防治，关键是得用药防，不用药防，发展起来很快。五六月是其为害的高峰期，除了为害豇豆茎蔓、叶片外，还为害花（图 1-100）、豆荚（图 1-101）等。

豆蚜为害时多在叶背面和幼嫩的心叶上，打药时一定要周到细致，最好选择同时具有触杀、内吸、熏蒸作用的安全新农药。

有机生产，可选用 0.3% 印楝素乳油 1000～1300 倍液、5% 除虫菊素乳油 2000～2500 倍液或 3% 除虫菊素乳油 800～1200 倍液喷雾；或每亩用 1% 血根碱可湿性粉剂 30～50 克，兑水 40～50 千克喷雾。

图1-99 豆蚜为害豇豆

图1-100 蚜虫为害豇豆花　　　　图1-101 豆蚜危害豇豆

无公害或绿色食品生产，可选用10%吡虫啉可湿性粉剂2000倍液、25%抗蚜威水溶性分散剂1000倍液、25%噻虫嗪水分散粒剂6000~8000倍液或5%啶虫脒乳油2500~3000倍液等轮换喷雾，隔10天喷1次，连喷2~3次。

45.豆荚螟为害豇豆用药要注意喷花

问：有些豇豆被虫蛀了，打了几次药，还是没效果，不知有什么好药没有？

答：这个豇豆是被豆荚螟蛀食的（图1-102），幼虫（图1-103）一般开始在花朵里为害（图1-104），然后蛀食豆荚，幼虫一旦蛀食豆荚，进入里面后（图1-105），再用药就没有作用，要在幼虫蛀入豆荚之前把它们杀灭，即从现蕾后开花期开始喷药（一般在5月下旬至8月喷药），重点喷蕾喷花，最好只喷顶部的花，不喷底部的荚。

有机生产或采收旺季，建议选用生物制剂，如用100亿~150亿

图1-102 豆荚螟为害豇豆荚　　　　图1-103 豆荚螟幼虫

图1-104　豇豆花里的豆荚螟幼虫

图1-105　豆荚螟蛀食豆荚，剥开后可见幼虫

孢子／克白僵菌的原菌粉，加水稀释至（0.5～2）亿孢子／毫升的菌液，再加0.01%的洗衣粉，用喷雾器喷雾。或用0.3%印楝素乳油1000～1300倍液喷雾防治。或在卵孵化始盛期，最迟到2龄幼虫高峰期及时喷0.36%苦参碱水剂400倍液。也可每亩用16000国际单位／毫克苏云金杆菌100～150克制剂，或1.2%烟碱·苦参碱乳油800～1500倍液，或菜颗·苏云菌可湿性粉剂600～800倍液等喷雾防治。

无公害或绿色食品生产，可选用80%敌敌畏乳油800倍液（或2.5%氯氟氰菊酯乳油2000倍液，或10%氯氰菊酯乳油1500倍液）+5%氟啶脲乳油1500倍液（或5%氟虫脲乳油1500倍液，或5%除虫脲可湿性粉剂2000倍液，或25%灭幼脲悬浮剂1000倍液）混合喷雾，效果较好。

46.高温季节谨防斜纹夜蛾为害豇豆叶片

问： 豇豆的叶片被吃得像"亮窗"一样，不知是什么东西"作怪"？

答： 虽然没有看见虫子（图1-106），但凭经验，这应该是斜纹夜蛾（图1-107）所为。斜纹夜蛾2龄幼虫在啮食叶片下表皮及叶肉后，会留上表皮呈透明斑。如果是3龄以上，则吃成穿孔状，剩下叶脉。此外，幼虫还为害豇豆的花（图1-108）和豆荚（图1-109），因此，一旦发现，应及时采取措施防治。

有机生产，大面积种植的，可采用性诱剂诱杀成虫。可选用300亿PIB／克斜纹夜蛾核型多角体病毒水分散粒剂10000倍液于傍晚喷

图1-106 斜纹夜蛾为害豇豆叶片
造成亮窗

图1-107 豇豆叶片背面的斜纹夜蛾
幼虫

图1-108 斜纹夜蛾为害豇豆花

图1-109 斜纹夜蛾为害豇豆荚

雾防治。或选用 0.6% 印楝素乳油 100 ～ 200 毫升 / 亩、400 亿个孢子 / 克白僵菌 25 ～ 30 克 / 亩、100 亿个孢子 / 毫升短稳杆菌悬浮剂 800 ～ 1000 倍液等喷雾防治，10 ～ 14 天喷一次，共喷 2 ～ 3 次。

　　无公害或绿色食品生产，非采收盛期，可选用 10% 虫螨腈悬浮剂 1000 ～ 1500 倍液，或 240 克 / 升甲氧虫酰肼悬浮剂 2000 倍液，或 150 克 / 升茚虫威悬浮剂 3000 倍液，或 22% 氰氟虫腙悬浮剂 500 ～ 600 倍液等药剂喷雾。

　　采收盛期，应尽量选用安全间隔期短的生物农药，如在卵孵化高峰期选用 2% 甲维盐乳油 6000 倍液，或 5% 氟虫脲乳油 800 ～ 1200 倍液，或 5% 氟啶脲乳油 800 ～ 1200 倍液，或 20% 除虫脲胶悬剂 750 ～ 1000 倍液，或 2.5% 多杀霉素悬浮剂 1200 倍液等喷雾防治，10 ～ 14 天喷 1 次，共喷 2 ～ 3 次。

　　一般在晚上 6 ～ 7 时以后，最好在晚上 8 ～ 9 时（太阳下山以后 2h 左右），害虫全部上叶取食时施药，重点喷植株上及地面上掉落的花。

47.豇豆开花结荚期谨防蓟马为害豆荚

问： 红豇豆上有许多疤痕（图1-110），而且长不大，不好看，拿到市场上没人要，不知是什么病造成的？

答： 这不是病，这是蓟马为害豆荚造成的。蓟马可为害豇豆的叶片、花朵和荚（图1-111）等。苗期蓟马一般群集在叶背面为害，受害后的嫩叶表层主脉和叶脉附近可见到银色的取食疮疤，或变白呈油脂状。为害严重时连成片，可造成叶片变硬、缩小、细长、皱缩，顶叶不能展开，形成"兔耳状"（图1-112）。花受害（图1-113）后，不孕或不结实，且易落花。幼荚受害，可见银色取食疮疤，影响商品性。

蓟马在温暖、干旱的环境下易发生，6月中旬至7月中旬进入发生和危害高峰期。

图1-110　蓟马为害红豇豆产生疤痕

图1-111　蓟马为害青豇豆豆荚后的表现

图1-112　蓟马为害叶片造成失绿

图1-113　蓟马为害豇豆花朵造成落花

有机豇豆生产，可利用成虫趋蓝色、黄色的习性，在棚内设置蓝板（图1-114）、黄板诱杀成虫。目前市场上新出的蓝板＋性诱剂产品，诱杀效果强，每亩设置 20 ～ 25 片，色板粘满虫时，需及时更换。田间蓟马开始发生，虫口数量较少时开始使用，一直到收获结束，连续使用 3 ～ 4 个月。或在大棚内使用捕食螨、寄生蜂等进行生物防治。此外，还可选用 0.3% 印楝素乳油 800 倍液、0.36% 苦参碱水剂 400 倍液、2.5% 鱼藤酮乳油 500 倍液等生物药剂喷雾防治。

图1-114　蓟马性信息素蓝板+性诱剂诱杀豇豆田蓟马

　　无公害或绿色豇豆生产，在幼苗期、花芽分化期，发现蓟马为害时，可选用 10% 噻虫嗪水分散粒剂 5000 ～ 6000 倍液，或 24% 螺虫乙酯悬浮剂 3500 倍液，或 15% 唑虫酰胺乳油 1100 倍液，或 40% 啶虫脒水分散粒剂 4000 ～ 6000 倍液，或 6% 乙基多杀霉素悬浮剂 1000 倍液，或 24.5% 高氯·噻虫嗪混剂 2000 倍液，或 4.5% 高效氯氰菊酯乳油 2000 倍液，或 1.8% 阿维菌素乳油 2500 ～ 3000 倍液，或 2% 甲氨基阿维菌素苯甲酸盐乳油 2000 倍液，或 10% 烯啶虫胺水剂 1500 ～ 2000 倍液，或 2.5% 联苯菊酯乳油 2500 倍液，或 5% 高效氟氯氰菊酯乳油 3000 倍液，或 10% 吡虫啉可湿性粉剂 1000 倍液，或 10% 氟啶虫酰胺水分散粒剂 3000 ～ 4000 倍液，或 10% 吡丙·吡虫啉悬浮剂 1500 ～ 2000 倍液等喷雾防治，每隔 5 ～ 7 天喷 1 次，连续喷施 3 ～ 4 次。兑药时适量加入中性洗衣粉、1% 洗涤灵或其他展着剂、渗透剂，可增强药液的展着性。对蓟马已经产生抗药性的杀虫剂要慎用或不用，以避免抗药性继续发展。防治要特别细致，地上地下同时进行，地上部分喷药重点部位是花器、叶背、嫩叶和幼芽等。

48.豇豆结荚期谨防波纹小飞蝶幼虫蛀食花荚影响商品性

问: 豇豆荚上没有看见虫子却被打了许多孔洞（图1-115），这是什么造成的？

答: 这是波纹小飞蝶幼虫为害后的表现，幼虫蛀食后，转荚为害，所以找不到虫子，不过仔细观察，可以在其他嫩荚上看到幼虫为害初期的症状（图1-116），即幼虫蛀食后豆荚呈小洞状。幼虫除为害豆荚外，还为害花，可将子房、花蕊吃空（图1-117）。波纹小飞蝶主要为害豆科作物，成虫（图1-118）在豇豆或扁豆现蕾开花时在花穗上产卵；幼虫孵出后即钻入花蕾蛀食，并转蕾多次蛀害；大幼虫可蛀入豆荚。由于为害具有隐蔽性，不易被发现，防治有一定困难。

图1-115 波纹小飞蝶幼虫蛀食豆荚后形成的空洞

图1-116 波纹小飞蝶蛀食豆荚初期

图1-117 波纹小飞蝶幼虫蛀食豇豆花造成落花

图1-118 豇豆叶片上的波纹小飞蝶成虫

采收后要及时清除病落叶和残株，集中烧毁，以减少越冬虫口基数。8 ～ 10 月盛发期喷洒 240 克 / 升甲氧虫酰肼悬浮剂 1500 倍液。

49. 豇豆生长期谨防美洲斑潜蝇为害叶片

问： 豇豆叶片上有许多"鬼画符"（图 1-119），打了几遍杀虫药，都没治得住，请问有何高招？

答： 美洲斑潜蝇雌成虫飞翔时刺伤叶片的上表皮，把刺孔作为取食汁液和产卵的场所，然后把卵散产在叶表皮下，一般 1 个产卵孔中仅产 1 粒卵。卵孵化为幼虫后在叶片内取食叶肉，使叶片布满不规则蛇形虫道（图 1-120）。叶片受害后逐渐萎蔫，上下表皮分离，枯落，最后全株死亡。成虫为小型蝇类，蛹（图 1-121）为椭圆形。

图1-119　美洲斑潜蝇为害豇豆叶片田间表现

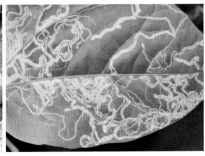

图1-120　美洲斑潜蝇为害豇豆叶片局部图示

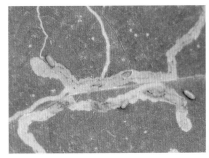

图1-121
美洲斑潜蝇蛹

发生盛期有两个，即 5 月中旬至 6 月和 9 月至 10 月中旬。幼虫在叶肉里取食，一般用药效果确实不佳。且由于美洲斑潜蝇虫体微小，繁殖能力强，成虫飞行，农药防治极易产生抗性，特别是对有机磷类、菊酯类农药均有较强的抗性。同时，田间世代重叠明显，蛹粒可掉落在土壤表层。有效控制美洲斑潜蝇发生与为害，必须采取综合防治措施。

在有机生产上，一是可以采用黄板诱杀成虫，或利用灭蝇纸诱杀成虫。在成虫的始盛期至盛末期，每亩设置 15 个诱杀点，每个点设置 1 张灭蝇纸诱杀成虫，每 3 ~ 4 天更换 1 张。

也可使用生物药剂，如选用 0.5% 苦参碱水剂 667 倍液，或 1% 苦皮藤素水乳剂 850 倍液，或 6% 烟•百素 900 倍液，或 0.5% 楝素杀虫乳油 800 倍液，或 0.7% 印楝素乳油 1000 倍液等喷雾处理。在幼龄期喷施 1.5% 除虫菊素水乳剂 600 倍液，连续 2 ~ 3 次，安全间隔期为 3 ~ 5 天。

化学防治时，应抓好"治早"和"治小"，重点抓好苗期防治，当受害叶片幼虫低于 5 头时，于幼虫 2 龄前（虫道短于 1 厘米）喷药，最好选择兼具内吸和触杀作用的杀虫剂。

大棚可用烟剂熏杀成虫。在棚室虫量发生数量大时，用 30% 敌敌畏烟剂 250 ~ 300 克 / 亩，或 10% 氰戊菊酯烟剂 0.5 千克 / 亩，或 15% 吡•敌敌畏烟剂 200 ~ 400 克 / 亩熏杀，每 7 天左右用 1 次，连续用 2 ~ 3 次。

叶面喷雾杀幼虫，要掌握好羽化高峰期进行喷药，时间宜在上午 8 ~ 11 时，喷药在露水未干前进行，顺着植株从上往下喷，以防成虫逃跑。尤其要注意叶片正面的着药和药液的均匀分布。每隔 7 天左右喷药 1 次，连续喷药 2 ~ 3 次。可选用 25% 噻虫嗪水分散粒剂 3000 倍液 +2.5% 高效氟氯氰菊酯水剂 1500 倍液混合喷施，或选用 0.5% 甲氨基阿维菌素苯甲酸盐微乳剂 2000 ~ 3000 倍液 +4.5% 高效氯氰菊酯乳油 2000 倍液，或 50% 灭蝇胺可湿性粉剂 2000 ~ 3000 倍液，或 50% 灭蝇胺•杀单可湿性粉剂 2000 ~ 3000 倍液，或 20% 乙基多杀菌素悬浮剂 1500 倍液，或 25% 噻虫嗪水分散粒剂 3000 倍液，或 70% 吡虫啉水分散粒剂 8000 倍液，或 25% 噻虫嗪水分散粒剂 1800 倍液，或 25% 噻嗪酮悬浮剂 2000 倍液，或 10% 虫螨腈悬浮剂 1000 倍液，或 11% 阿维•灭蝇悬浮剂 3000 ~ 4000 倍液，或 20% 阿维•杀虫单微乳剂 1500 倍液，或 40% 阿维•敌畏乳油 1000 倍液，或 0.8% 阿维•印楝素乳油 1200 倍液，或 3.3% 阿维•联苯乳油 1500 ~ 3000 倍液，或 1.8% 阿维•啶虫脒微乳剂 750 ~ 1500 倍液，或 16% 高氯·杀单微乳剂 1000 ~ 3000 倍液，或 10% 溴虫腈悬浮剂 1000 倍液等。

50. 高温干旱季节谨防红蜘蛛为害豇豆叶片至提前拉秧

问： 这段时间气温高，干旱，正是豇豆卖得起价的时候，却不料许多叶片的叶缘向下或向下卷曲、变黄（图 1-122），豆荚产量不高，是什么原因啊？

答： 这是豇豆发生了较为严重的红蜘蛛为害造成的。用肉眼仔细观察，可以看到在叶片背面有针尖大小的小红点，刺吸为害叶子背面（图 1-123 ~ 图 1-125），被害叶片正面与背面害虫对应的为害处出现许多细小白点，或褪绿呈不规则变黄。中后期全株呈现似缺氮性变黄症状。害螨发生严重时，叶片背面呈沙点，黄红色，即火龙状，导致叶片小，失绿变黄，然后枯死。一般在高温干旱季节（常在 6 ~ 7 月）时易发生。

图 1-122　红蜘蛛为害豇豆叶片正面

图 1-123　红蜘蛛为害豇豆叶片背面

图 1-124　红蜘蛛幼螨

图 1-125　红蜘蛛为害豇豆

虽然天气热，也要早晚到菜地里勤观察，发现红蜘蛛应及时防治。

在有机生产上，可利用捕食螨防治。叶螨发生密度较低时，按叶螨与捕食螨的比例为 3∶1 释放拟长毛钝绥螨，从 6 月中旬开始，隔 10 天放一次，共释放 2～3 次。或使用生物药剂防治，如选用 0.5% 藜芦碱醇溶液 800 倍液，或 0.3% 印楝素乳油 1000 倍液，或 1% 苦参碱 6 号可溶性液剂 1200 倍液，或 5% 除虫菊素乳油 2000～2500 倍液，或 3% 除虫菊素乳油 800～1200 倍液等喷雾防治。

化学药剂防治，可选用 5% 氟虫脲乳油 1000～2000 倍液，或 50% 丁醚脲悬浮剂 1000～1500 倍液，或 20% 四螨嗪悬浮剂 2000～2500 倍液，或 100 克/升虫螨腈悬浮剂 600～800 倍液，或 73% 炔螨特乳油 2000～2500 倍液，或 15% 哒螨灵乳油 1500～2000 倍液，或 1% 阿维菌素乳油 2500～3000 倍液，或 15% 阿维·辛硫磷乳油 1000～1200 倍液，或 3.3% 阿维·联苯乳油 1000～1500 倍液，或 10% 浏阳霉素乳油 1000～1500 倍液，或 5% 噻螨酮乳油 1500～2500 倍液，或 20% 甲氰菊酯乳油 2000 倍液，或 5% 唑螨酯悬浮剂 2000～3000 倍液，或 2.5% 氯氟氰菊酯乳油 4000 倍液，或 10% 吡虫啉可湿性粉剂 1500 倍液，或 240 克/升螺螨酯悬浮剂 4000 倍液，或 3% 甲维盐乳油 5500 倍液等喷雾防治，7～10 天喷 1 次，共喷 2～3 次，但要确保在采收前半个月使用。

初期发现中心虫株时要重点防治，重点喷洒植株上部嫩叶背面、嫩茎、花器、生长点及幼果等部位，并需经常更换农药品种，以防抗药性产生。

51. 豇豆结荚期谨防茶黄螨为害豆荚

问： 豇豆叶背面呈油浸状（图 1-126），结出来的豇豆荚表面粗糙，就像结了痂（图 1-127），没有商品性了，请问这是什么病害？

答： 这不是病害，是虫害，是一种肉眼难以看见的茶黄螨以成虫及幼虫的刺针吸食蔬菜的幼嫩部位，（如幼叶、幼荚等）造成的为害。成螨和幼螨集中在植株幼嫩部位刺吸汁液，致使嫩叶受害时皱缩、纵卷、变小，叶片增厚、僵硬、易碎，叶脉扭曲。叶片背面多呈黄白色至黄褐色，粗糙、发亮，具油渍状光泽或呈油浸状，叶片畸形窄小，皱缩或扭曲畸形，叶片从叶缘变褐，叶缘向下或向下卷曲，重症植株常被误

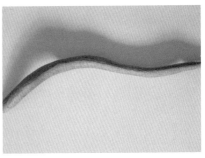

| 图1-126 茶黄螨为害豇豆叶背状 | 图1-127 茶黄螨为害豇豆荚 |

诊为病毒病。果荚受害后变小、僵化、变硬，丧失光泽成锈壁荚。

一般以7～8月受害最重。大棚蔬菜5月开始发生，6～9月是为害盛期。

有机生产，可释放捕食螨等，对茶黄螨有明显的抑制作用。还可选用0.3%印楝素乳油800～1000倍液，或2.5%羊金花生物碱水剂500倍液，或45%硫黄胶悬剂300倍液，或99%机油（矿物油）乳剂200～300倍液，或1%苦参碱2号可溶性液剂1200倍液，或1.2%烟碱·苦参碱乳油1000～1200倍液等喷雾防治。

化学药剂可选用1.8%阿维菌素乳油2000～3000倍液，或10%阿维·哒螨灵可湿性粉剂2000倍液，或3.3%阿维·联苯菊酯乳油1000～1500倍液，或15%浏阳霉素乳油1500倍液，或5%唑螨酯悬浮剂2000倍液，或15%唑虫酰胺乳油600～1000倍液，或20%甲氰菊酯乳油1200倍液，或2.5%联苯菊酯乳油2000倍液，或5%氯氟氰菊酯乳油1500～2000倍液，或20%哒嗪·硫磷乳油1000倍液，或1%甲维盐乳油3000～5000倍液，或100克/升虫螨腈悬浮剂800～1000倍液，或24%螺螨酯悬浮剂4000～6000倍液，或5%噻螨酮乳油2000倍液，或20%哒螨灵乳油1500倍液，或73%炔螨特乳油2000倍液，或25%三唑锡可湿性粉剂1000～1500倍液，或30%嘧螨酯乳油2000～3000倍液，或25%吡·辛乳油1500倍液，或20%哒·螨醇可湿性粉剂1500倍液等喷雾防治。每隔7～10天喷洒1次，连喷2～3次。

因螨类害虫怕光，故常在叶背取食，喷药应注意多喷植株上部的嫩叶背面、嫩茎、花器和嫩果。喷施药剂时应喷头朝上，重点喷施叶片背面。保护地可用10%哒螨灵烟剂400～600克/亩，熏烟。

52.豇豆直播苗期谨防小地老虎为害

问：直播的豇豆，每窝点了近10粒种子，却不见苗，有些苗齐地面断了（图1-128），是怎么回事？

答：这是地下害虫小地老虎的幼虫（图1-129）为害的结果，该虫只在幼虫阶段为害农作物，刚孵化的幼虫常常群集在幼苗心叶或叶背上取食，把叶片咬成小缺刻或网孔状。幼虫3龄后白天潜伏在表土层中，夜间到地面上为害，把蔬菜幼苗近地面的茎部咬断，使整株死亡，造成缺苗断垄以致毁种，还常将咬断的幼苗拖入洞中取食，其上部叶片往往露在穴外。越冬代成虫3月下旬至4月上旬开始出现，常在4月下旬盛发，正是早春直播豇豆的幼苗期。

图1-128　小地老虎咬断豇豆幼苗造成缺苗

图1-129　危害豇豆幼苗的小地老虎幼虫

有机生产，可用灯光诱杀成虫。还可利用雌性小地老虎性信息素的仿生品——性诱剂，诱捕其雄性成虫。还可在清晨扒开缺苗附近的表土，捕捉潜伏的高龄幼虫，连续几天效果良好。或于低龄幼虫盛发期，用生物药剂苜核·苏云菌悬浮剂（苜蓿银纹夜蛾核型多角体病毒每毫升1000万PIB，苏云金杆菌每微升含2000国际单位）500～750倍液对蔬菜进行灌根。

无公害或绿色生产，于小地老虎1～3龄幼虫期，选用2.5%溴氰菊酯乳油3000倍液，或90%敌百虫晶体800倍液，或50%辛硫磷乳油800倍液，或10%虫螨腈悬浮剂2000倍液，或20%氰戊菊酯3000倍液，或20%氰戊·马拉松乳油3000倍液等喷雾防治。

因其为害隐蔽性强，药剂喷雾难以防治，可使用毒土法，即用菊酯类农药，制成毒沙。50% 辛硫磷乳油 0.5 千克加水拌细土 50 千克，每亩用量为 20 千克，顺行撒施于幼苗根际附近。

虫龄较大时，可用 80% 敌敌畏乳油、50% 辛硫磷乳油 1000 ～ 1500 倍液灌根。

53.高温干旱季节谨防甜菜夜蛾毁苗

问： 夏豇豆叶片上有许多的白色卵块，孵化出来的幼虫一堆堆的，请问如何防控好？

答： 这是甜菜夜蛾的卵块（图 1-130）和幼虫，高温有利于其发生，若高温来得早且持续时间长、雨量偏少，就有可能大发生，一般 7 ～ 9 月份为害较重，常和斜纹夜蛾混发。初孵化的幼虫群集叶背（图 1-131），拉丝结疏松网，在网内咬食叶肉，只留下表皮，受害部位呈网状半透明的窗斑小孔，干枯后纵裂。幼虫稍大后即分散活动，3 龄后将叶片吃成孔洞或缺刻（图 1-132），严重时仅留下叶脉和叶柄，致菜苗死亡，造成缺苗断垄以致毁种。此外，还为害花朵（图 1-133），造成落花。

有机生产，可在每年发生初期，应用甜菜夜蛾性诱剂性诱成虫。或利用甜菜夜蛾的趋光性，在田间用黑光灯、高压汞灯及频振式杀虫灯诱杀成虫。生物防治，可于甜菜夜蛾二至三龄幼虫盛发期，每亩用 20 亿 PIB/ 毫升甜菜夜蛾核型多角体病毒悬浮剂 75 ～ 100 毫升，或 300 亿 PIB/ 克甜菜夜蛾核型多角体病毒水分散粒剂 4 ～ 5 克，兑水 30 ～ 45 升喷雾，用药间隔期 5 ～ 7 天，每代次连续防治 2 次。也可用 10 亿 PIB/ 毫升苜蓿银纹夜蛾核型多角体病毒悬浮剂 800 ～ 1000 倍

图 1-130　豇豆上甜菜夜蛾卵块

图 1-131　豇豆叶背甜菜夜蛾低龄幼虫群集

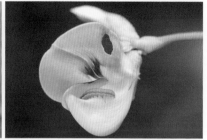

图1-132 甜菜夜蛾高龄幼虫食豇豆　图1-133 豇豆花里的甜菜夜蛾幼虫
叶呈穿孔状

液，或100亿孢子金龟子绿僵菌悬浮剂20～33克/亩，或16000国际单位/毫克苏云金杆菌水分散粒剂600～800倍液，或0.7%印楝素乳油400～600倍液等喷雾，10～14天喷一次，共喷2～3次。

　　无公害或绿色生产，可选用5%氯虫苯甲酰胺悬浮剂1000倍液，或10%虫螨腈悬浮剂1000～1500倍液，或240克/升甲氧虫酰肼悬浮剂2000倍液，或150克/升茚虫威悬浮剂3000倍液，或50克/升虱螨脲乳油1000倍液，或1%甲维盐乳油2000～3000倍液，或10.5%甲维·虫酰肼乳油1500～2000倍液，或25%甲维·丁醚脲微乳剂3000～3500倍液，或3.6%苏云·虫酰肼可湿性粉剂2000～3000倍液，或2.5%阿维·氟铃脲乳油2000～3000倍液，或6%阿维·氯苯酰悬浮剂800～1300倍液，或240克/升氰氟虫腙悬浮剂1500～2000倍液，或0.6%乙基多杀菌素悬浮剂200～400克/亩，或1.8%阿维菌素乳油2000～3000倍液，或20%氟虫双酰胺水分散粒剂2000～3000倍液，或2.5%多杀霉素胶悬剂500～1000倍液，或5%氯虫苯甲酰胺悬浮剂1000倍液，或20%氯苯虫酰胺水分散粒剂2500～3000倍液，或100克/升三氟甲吡醚乳油800～1000倍液，或30%氯虫·噻虫嗪悬浮剂6.6克/亩等喷雾防治。

　　喷药时要均匀，采用"三绕一扣，四面打透"的方法，避免只打正面。

54.大棚栽培豇豆谨防温室白粉虱暴发成灾

　　问：大棚里有许多小白虫在豇豆叶片上飞来飞去（图1-134），需要用药控制吗？

图1-134 白粉虱在豇豆叶背上为害

答: 大棚豇豆叶片上的小白虫，叫温室白粉虱，又称小白蛾子，一旦发现，就要及时防控，且务必"除早、除小、除了"。白粉虱不仅可引起煤污病，严重降低蔬菜商品性，其还是病毒病的主要传播者。一般以成虫和若虫群集在叶片背面，以刺吸式口器刺入叶肉，吸取植物汁液，造成叶片褪绿、变黄、萎蔫，甚至全株枯死。白粉虱繁殖力强，繁殖速度快，种群数量大，群集为害，能分泌大量蜜液，严重污染叶片和果实，引起煤污病发生。

有机生产，可利用白粉虱具有强烈的趋黄性，采用黄板诱杀。或使用生物药剂，如用1.5%除虫菊素水乳剂600～800倍液或5%鱼藤酮可溶性液剂400～600倍液喷雾。或在前期预防，用0.3%苦参碱水剂600～800倍液喷雾。害虫初发期，用0.3%苦参碱水剂400～600倍液喷雾，5～7天喷洒一次；或用0.3%印楝素乳油1000～1300倍液、99%矿物油乳油200～300倍液喷雾。或把蜡蚧轮枝菌粉剂稀释为含0.3亿孢子/毫升的孢子悬浮液喷雾。

无公害或绿色生产，可采用熏杀，即扣棚后将棚的门、窗全部密闭，每亩用35%吡虫啉烟雾剂300～400克，或17%敌敌畏烟雾剂340～400克，或3%高效氯氰菊酯烟雾剂250～350克，或20%异丙威烟雾剂200～300克，熏蒸大棚，消灭迁入温棚内越冬的成虫。

喷雾防治时，宜在定植前，趁苗子集中时，喷药杀灭苗子上带有的烟粉虱和白粉虱。定植后勤注意检查虫情，在棚室内，只要发现有这种害虫，别管发现了几头，都要立即喷药防治。可选用3%啶虫脒乳油1500～2000倍液，或25%吡蚜酮悬浮剂2500～4000倍液，或25%噻嗪酮可湿性粉剂2500倍液，或10%吡虫啉可湿性粉剂1000倍液，或1.8%阿维菌素乳油2000倍液，或1%甲维盐乳油2000倍液，或 25% 噻虫嗪水分散粒剂 3000 ~ 4000 倍液，或 25% 噻虫嗪水分散粒剂 3000 倍液 +2.5% 高效氯氟氰菊酯水乳剂 1500 倍液，于叶片正反两面均匀喷雾。

由于白粉虱世代重叠，在同一时间同一作物上存在各种虫态，而当前没有对所有虫态皆有效的药剂，所以采用药剂防治法时，必须连续几次用药。

55.频振式杀虫灯杀虫效果好，要使用好并维护好

问： 这几年豇豆地的豆荚螟为害轻了，用药也少了，是不是与村里安装的杀虫灯（图 1–135）有关？

答： 那是当然。杀虫灯在蔬菜上的应用可以说是掀起了一场革命，它具有诱杀害虫种类多，诱杀害虫数量大，对天敌的杀伤力小，可有效保护天敌，控制面积大，投资小，使用简单安全，操作方便，使用成本低，维护生态平衡，可兼作测报工具等特点。

杀虫灯对多种蔬菜害虫有较好的诱杀效果，可诱杀斜纹夜蛾、甜菜夜蛾、银纹夜蛾、地老虎、烟青虫、玉米螟、菜螟、黄草地螟、豆荚螟、大豆卷叶蛾、红腹灯蛾、小灰蝶、大猿叶虫、叶甲、黄曲条跳甲、象甲、豆天蛾、芫菁等，尤其对斜纹夜蛾、小菜蛾、金龟子等诱杀效果好。据试验，一般菜地每盏灯每天可诱杀害虫 2000 头左右。

用杀虫灯杀虫节约了化学防治投资，减轻了农民的劳动强度，节约了劳动力的投入，避免了使用农药所导致的环境污染、杀伤天敌、害虫抗药性及人畜中毒事故的发生，既达到了长治久安、保益控害的目的，又间接地为农民增加了收入，具有较好的生态效益、经济效益和社会效益。

杀虫灯杀虫效果好，但在使用过程中要注意两点。

一是要合理安排使用时间。一般从 5 月中旬安装、亮灯、捕虫，使用结束时间为 10 月上旬或 10 月中旬；每天亮灯时间，结合成虫特性、季节的变化，5 月、6 月傍晚 6:30 ~ 7:30 开灯，7 月、8 月 7:00 ~ 7:30 开灯，9 ~ 10 月 6:30 ~ 7:00 开灯，晚上 12:00 至凌晨 1:00 关灯较为适宜。

二是要加强使用中的管理。杀虫灯的电网要经常清扫才能保证诱杀效果，要求 5 ~ 6 月份三天清扫一次，接虫袋清理一次，7、8、9 三

个月两天电网清扫一次、虫袋清理一次，布（塑料）袋要经常检查，失落的要及时补上，防止出现无袋开灯诱捕，否则易造成灯下一片虫口密度特别高，为害特别重的反常现象。当然，目前也可以购买安装了自动电刷电网装置的杀虫灯（图1-136）。杀虫灯安装完毕后，要保存好包装箱，以备冬季或变更布灯位置时收灯装箱使用，杀虫灯不能一年四季挂在地里。此外，对一些被风刮坏的杀虫灯，或蓄电池坏了的太阳能杀虫灯要及时维修。

图1-135　杀虫灯　　　　　　　图1-136　自动电刷杀虫灯

56.防治豇豆病虫害要讲究喷雾方法，注意喷雾质量

问： 为了防治豆荚螟，药基本没有停过，差不多天天打药（图1-137），喷得叶片上的药往下流，虫都不死，是怎么回事呢？

图1-137　农户给豇豆打药

答： 这种喷雾用药的方法是不对的，而且存在许多安全隐患，不符合无公害蔬菜质量要求。无公害豇豆生产，要按照《无公害食品　豇豆

生产技术规程》（NY/T 5079—2002）操作，从品种选择—培育壮苗—及时定植—加强田间的温湿度管理、追肥、用药—及时采收等进行规范，从而确保农残不超标。这种结荚期差不多天天摘豆荚，而又天天喷药，且喷得叶片上药往下流，很容易导致上市的豆荚质量不过关，是应该禁止的。

菜农防病治虫心切，施药像是给植株洗澡，从上到下药水直流。其实这种方法既浪费农药，使成本增加，所生产的豇豆也很难达到无公害要求。建议菜农从选用合适喷雾机器、及时更换喷片、增加雾化效果等方面，提高喷雾效率。

其实，之所以如此喷药防治豆荚螟效果不佳，与不注意用药时机有关。比如豆荚螟，幼虫以蛀食花器为主，防治原则是治花不治荚，兼治落地花，防治时要掌握用药适期，否则效果差或没有作用，一般在幼虫二三龄时喷药，用药时间以晚上 8～10 时和早上 5～6 时最适宜，此时用药，防效可达 90% 以上。

此外，豆荚采收期用药，一是要尽量使用生物农药，如苏云金杆菌、除虫菊酯、苦参碱等；二是一定要注意农药的安全间隔期，要等安全间隔期过后才能采收。

57. 豇豆芽前化学除草要选好药剂

问： 豇豆生产上可以施用禾耐斯（乙草胺）进行封闭除草吗？

答： 可以，豇豆直播或育苗移栽生长期均较长，杂草多（图1-138），发生量大，有些地膜覆盖的，杂草刺破地膜，使地膜覆盖失去了作用，可采用密植栽培、水旱轮作等农业措施除草，化学除草效果较好。

图1-138　豇豆田杂草

用 50% 乙草胺乳油作封闭除草，可防除稗、马唐、狗尾草、牛筋草、苋、小藜、马齿苋、牛繁缕等杂草。一般在播种前或播后苗前，每亩用 50% 乙草胺乳油 80～120 毫升，兑水 40～50 升，均匀喷雾于土表。值得注意的是，在使用乙草胺除草时，必须在杂草出土前施药，最迟不能超过禾本科杂草 1 叶 1 心期。乙草胺的药效与土壤湿度、温度有较大关系，在气温较高、土壤湿度大的情况下，用推荐的低剂量施药，反之用高剂量。

此外，还可用 48% 氟乐灵乳油，可防除马唐、稗草、千金子、小藜、牛繁缕、马齿苋等杂草。播种前 3 天，每亩用 48% 氟乐灵乳油 100～150 毫升，兑水 40～45 升，喷于土壤表面，喷后及时混土，地膜覆盖的药后及时盖膜。

也可用 33% 除草通乳油，可防除马唐、看麦娘、稗、狗尾草、凹头苋、小藜、猪殃殃、马齿苋、荠菜、蓼、牛繁缕、繁缕等杂草。播种前、播后苗前或移栽豆类移栽前，每亩用 33% 除草通乳油 150～200 毫升，兑水 40～50 升，均匀喷雾于土表，无需混土。

或用 48% 仲丁灵乳油，可防除稗草、马唐、狗尾草、苋、藜、马齿苋等杂草。播前或播后苗前每亩用 48% 仲丁灵乳油 200～250 毫升，兑水 40～50 升，均匀喷雾于土表，干旱时喷雾后需混土。

或用 25% 绿麦隆可湿性粉剂，可防除看麦娘、马唐、早熟禾、狗尾草、繁缕、牛繁缕、苍耳、藜、稗草、野燕麦、苋、铁苋菜、马齿苋等杂草。播前或播后苗前，每亩用 25% 绿麦隆可湿性粉剂 300～400 克，兑水 40～50 升，充分搅拌后均匀喷雾于土表。

或用 40% 津乙伴侣可湿性粉剂（为乙草胺与阿特拉津的混配剂），可防除大部分一年生禾本科杂草及阔叶杂草，对某些多年生杂草有一定抑制作用。播后苗前，杂草出土前，每亩用 40% 津乙伴侣可湿性粉剂 200～250 克，兑水 40～50 升，均匀喷于土表，喷药时土壤要湿润。

或用 24% 乙氧氟草醚乳油（是一种触杀型选择性除草剂），可防除一年生禾本科杂草及阔叶杂草，是豆类蔬菜中首选的除草剂品种之一。播种前或播后苗前，每亩用 24% 乙氧氟草醚乳油 40～100 毫升，加水 40～100 升，均匀喷雾于土壤表面。注意用乙氧氟草醚除草时，必须在有光的条件下才能发挥杀草作用，用药后不能混土。喷雾时要注意压低喷头，避免药液飘移到邻近作物而造成药害。

58.豇豆苗后茎叶除草要适时

问：（现场）豇豆前天打了除草剂，过几天应该就能看到隐藏的豇豆了吧？

答：豇豆田里的草之所以这么茂盛（图1-139），在于基肥施得多，仅复合肥每亩就施了4包（1包40千克）!

图1-139　豇豆地里杂草丛生

豆类蔬菜除草应根据田间的主要杂草类型，早些防除，如禾本科杂草2～5叶期时，每亩用20%烯禾定乳油67～100毫升或12.5%氟吡甲禾灵（或10.8%高效氟吡甲禾灵乳油）20～35毫升，加水40～50升，均匀喷雾于杂草茎叶。

在牛筋草、马唐、稗草等杂草2～3叶期时，每亩用15%精吡氟禾草灵乳油33～50毫升，在杂草4～6叶期时，每亩用药66～80毫升，加水40～50升，均匀喷雾于杂草茎叶。

在牛筋草、马唐、稗草、看麦娘等杂草3～5叶期时，每亩用5%精喹禾灵30～60毫升。防除多年生禾本科杂草，每亩需加大用量至100～130毫升。

一年生阔叶杂草2～4叶期，每亩用25%氟磺胺草醚水剂67～100毫升，加水40～50升，均匀喷于杂草茎叶。加入尿素330克，可提高除草防效5%～10%。对芸豆、毛豆安全。

这里提到的几种茎叶除草剂，均对草龄和豇豆的苗龄提出了要求。从该菜农的田间来看，除草则过迟了一些。

此外，针对基肥，一般情况下复合肥用一包（40千克）就够了。基肥用得过多，易导致苗期徒长，延迟开花坐荚，或难以开花坐荚。基肥用得过多，还易加快土壤盐渍害。所以说，"钱多肥多"有时不一定产量高。此外，豇豆还有一个特点，就是易早衰，应注意加强后期的追肥。

第二章
菜豆栽培关键问题解析

第一节 菜豆品种及育苗关键问题

59.菜豆要根据当地的气候条件适期播种，切忌盲目提早或延后

问: 有些菜豆在年前（立春前）就开始播种（图2-1）了，请问可以吗?

图2-1 菜豆早春育苗

答: 这个要看栽培方式是怎样的，如果是采用大棚进行早春促成栽培，还是可以的。利用大棚进行春提早栽培，当早春棚内气温不低于5℃，10厘米深处地温在10℃以上，并稳定一周左右时才可在棚内定植。从当地定植的安全期向前减去苗龄天数，长江流域的育苗时间最早只能在2月上旬，北方地区一般为3月中下旬，华北中南地区为2月下旬。

若是早春露地直播的话，年前播种就太早了，最早只能于断霜前数天，土层10厘米处温度稳定在10℃，而且有几个连续晴天时才能进行露地直播。在湖南，一般2月下旬至3月上旬播种育苗，3月中下旬定植；直播在3月中旬至4月上旬进行。而在东北地区直播一般在4月下旬至5月中旬进行，华北和西北地区多在4月上中旬至5月，华南地区可在2月中下旬。矮生菜豆耐寒性略强于蔓生菜豆，可比蔓生菜豆提早3～5天播种。在棚室里采用育苗移栽，因棚室的保温防寒作用，播种期可在此基础上提前10～20天。

菜豆秋播也要讲究适宜的播种期，不宜盲目延后。直播栽培，一般可从当地历年的平均初霜期向前推算100天左右。如北方矮生品种可于7月中下旬播种，蔓生菜豆为6月下旬至7月上旬；南方矮生菜豆播种期为8月上中旬；蔓生品种为7月下旬至8月上旬；华南地区秋菜豆（矮生和蔓生菜豆）可于8月上旬至9月上旬播种。而种植秋延后菜豆，由于能利用大棚的后期保温作用，播种期可在此基础上适当延迟。

生产上，有菜农在早春盲目提早播种菜豆，常因受低温冷害导致烂苗毁种而不得不进行二次育苗；也有在秋季盲目延后播种后，初霜来临时，常因冷害提早罢园而达不到理想产量；也有的在夏秋季节没有安排合适的播种期，使开花坐荚期在高温干旱时段，以致落花落荚严重，或不开花坐荚。这些现象都是值得注意的。

60. 菜豆引进新品种应先试种后才能大面积推广应用

问: 今年早春，种子经销商给我推荐了一个菜豆新品种，说是产量高，栽下去后植株倒是长得好，枝繁叶茂，可就是不见开花或开花坐荚少（图2-2），是不是种子原因？

答: 不排除种子原因。在菜豆生产中，常有菜农从外地引进菜豆新品种种植后，只见茂盛的叶片和藤，不见开花或开花坐荚少的现象。

图2-2　菜豆枝繁叶茂结荚少

　　菜豆为短日照植物（每天光照时间在12小时以下才能促进开花），缩短光照时数可以使其提早结荚。但多数品种对日照长度要求不严格，光周期反应属中间型，在较长或较短光照时数下都能开花；少数品种表现为长日型（每天光照12～14小时以上才能促进开花）和短日型（每天光照12小时以下才能促进开花）。通常蔓性和半蔓性品种中短日型较多，而矮生型品种多属中间型。

　　我国目前所栽培的菜豆，大多数品种是经过长期选育和栽培形成的，其适应性较强，对光周期反应一般属中间型，南北各地可互相引种，春秋两季均可栽培。但有些秋季栽培的品种对短日照的要求较严格，不适宜在北方春夏长日照条件下种植，而有些品种为长日照类型。严格短日照品种在长日照下栽培或长日照品种在短日照下栽培，都有可能引起植株营养生长加强，而延迟开花，降低结荚率。这也是在南方有些品种在春季种植不开花结荚，而到了后期（秋季）却开花结荚的缘故。这实际上是品种适应性问题，经销商或推广者是要负责的。

　　此外，新品种引进，还要考虑适应当地的消费习惯，适应当地的气候、土壤、温度、湿度、光照等自然条件，新品种要比老品种高产、优质，抗病虫及抗逆能力也要更强，种植后应能取得较好的经济效益。引进新品种的同时，还要引进与新品种相配套的种植管理技术等。

　　是不是种子原因导致的，还可以借鉴同期栽培、相同管理的其他当地长期种植的品种进行综合分析对比。

61. 春播菜豆种子最好选用上年秋季繁殖的新种子

　　问： 菜豆种子（图2-3）可以自己留种吗，用去年春菜豆留的种子好，还是秋菜豆留的种子好？

图2-3 菜豆自留种

答: 优良的菜豆品种是可以自己留种的，当然选留种要特别注意选留技术。在南方，菜豆自留种子，最好选用秋菜豆留的种子，而不宜用春菜豆留的种子。这是因为，秋菜豆的豆荚成熟期正处于9～10月，气温比较适宜，种子发育健全，籽粒饱满，且收获种子期间天气干燥，种子易晒干，贮存时温度低，时间短，种子消耗养分少，发芽率高，发芽势强，有利于全苗壮苗。秋季气候比较干燥，不利于炭疽病菌发生，所留种子一般不带病菌。在南方，春菜豆采收期正值梅雨季节，容易遭受炭疽病为害，而炭疽病菌主要在种子上越冬，第二年用这种种子播种易发病。春菜豆采种期间种子干燥困难，常易霉变影响质量。春季所收种子贮存期经历夏季高温，生活力容易降低。

秋季留种的新种子，一般油光亮泽、饱满，富含油分，有香气，有涩味，子叶明显绿色；而春季留的种子大多间有褐色，颜色也不如秋种亮泽，保管不好的还有霉味。陈种子口咬无涩味，闻不到香气，子叶有深黄色斑纹。

所以，菜农在选购种子时要留意种子质量，春播最好选用上年秋季繁殖的新菜豆种子。

62.菜豆种子播种时不需要进行浸种处理

问: 菜豆种子泡了差不多一天，发现水变了颜色，起了泡沫，这样的菜豆种子还能播种吗？

答: 不能。这样的种子已经废了，菜豆种子（图2-4）播种时是不需要进行浸泡处理的，不能像茄子、辣椒等种子一样浸一天以上，否则种子的幼胚会露出来，拿这样的种子再去播种，是不会生芽的。

这是因为菜豆种子发芽对水分的要求比较严格。浸种时间过长，

图2-4 菜豆种子

种子内的营养物质因外渗而损失掉，而外渗营养物质还易引起细菌活动使种子腐烂。长时间浸种，也容易使种子内的幼胚断裂而不能发芽。因此，浸种时间不可太长（不宜超过 4～6 小时）。实际栽培播种时最好短时间浸种或不浸种。

土壤水分过多而使土中缺氧时，含蛋白质丰富的豆粒会腐烂而丧失发芽能力。但播种后如果土壤干旱，种子也不能萌发。

63.菜豆生产接种根瘤菌可增产

问： 听说菜豆根瘤菌（图 2-5）具有固氮作用，可以减少氮肥的施用，根瘤菌需要人工接种吗？

图2-5　菜豆根瘤菌

答： 菜豆生产人工接种根瘤菌可以起到增产减肥的效果，生产上值得大力提倡。菜豆虽然具有根瘤菌，能够固氮，但菜豆幼苗期根上的根瘤菌少，固氮能力也很弱，由根瘤菌固定的氮素一般占全生育期总吸收量的 30% 左右。因此，供给适量的氮肥有利于增产和改进品质，但没有必要比其他蔬菜施用更多的氮肥。

菜豆如采用根瘤菌接种技术，即播种前用根瘤菌拌种，就能提高小苗根部根瘤菌的数量和固氮能力，增产效果较好。

首先制作根瘤菌剂，可在上年拉秧的菜豆老根上选取根瘤大而多的根珠，剪下其根瘤和细根并装入袋中。然后在避光处用清水冲洗土，置于 30℃ 以下的避光处使之阴干，待其干燥后捣碎成粉末状，即为根瘤菌剂。根瘤菌剂在干燥、避光处贮藏，有效期一年左右。接种时，种子和根瘤菌剂用少量清水使之湿润，然后将二者混拌均匀，根瘤菌剂的用量以每亩 50 克左右为宜。

64. 菜豆虽以直播为主，但提倡育苗移栽

问: 菜豆育苗移栽是不是比直播好些呢？

答: 当然，虽说菜豆大多采用的是直播，但真正要想菜豆效益好，产量高，质量优，最好采用育苗移栽。

菜豆根系发达，生长迅速，地下部能较早形成稠密的根群。菜豆根系分布广，吸收力强，抗旱能力较强，成龄植株主根深入地下可达 80 厘米以上，但主侧根粗度相近，主根不明显，侧根分布直径可达 60 ～ 80 厘米，主要吸收根群分布在地下 15 ～ 40 厘米的土层内。菜豆根系易木栓化，侧根再生能力弱，因此，在栽培上常以直播（图 2-6）为主。

但近年来，常提倡育苗移栽。这是因为：我国南方早春经常出现低温阴雨天气，菜豆露地直播容易造成烂种死苗。为了防止这种情况的发生，在南方，早春菜豆露地栽培常在保护地内提前育苗，然后定植到露地。

在北方许多地区，为了使春季露地栽培的菜豆能提早上市和延长采收供应期，保证苗全、苗齐、苗壮，也常采用育苗移栽等方法。菜豆春季露地育苗移栽嫩荚上市时间比直播栽培提早 7 ～ 10 天。塑料大棚春提前栽培菜豆多采用育苗移栽，因为棚内冬末春初温度低，直播难以发芽成苗，且育苗移栽能比直播提早产品上市期，可达到高产高效的目的。早春菜豆地膜覆盖栽培及大棚秋延后栽培，既可直播，也可育苗移栽，视情况而定。但菜豆秋季露地栽培，因苗期短，温度高，移栽难以成活，以直播为好。

由于菜豆根系再生能力弱，为不耐移栽的蔬菜，育苗移栽时，宜采用营养钵、营养土块或基质穴盘等保护根系的方法育苗。且必须在 1 ～ 2 片复叶展开前带大土坨进行移栽，以防伤根而影响成活。

65. 菜豆早春保护地营养钵育苗有讲究

问: 我想采用大棚早些育苗，抢早上市，请问采用营养钵育苗（图 2-7）如何操作？

答: 早春利用大棚早育苗，可提早播种，提早移栽，提早上市，从而可取得很好的经济效益。采用营养钵护根育苗，要把握好育苗的一些关键环节，如适期播种，提前配好营养土，看天气适时播种，加强育苗期间的管理，培育壮苗，及时移栽等。

图2-6 菜豆直播——穴播

图2-7 营养钵装满营养土后摆入电热温床

一是适期播种。根据早春不同的栽培方式，长江中下游地区一般于2月中旬至3月上旬采取塑料大棚营养钵冷床育苗，可用于大棚早熟栽培或小拱棚加地膜覆盖栽培。

二是配制好营养土。选用直径8厘米×8厘米营养钵。营养土由6份疏松肥沃无病虫园土，3份腐熟粪肥或厩肥（图2-8），1份草木灰（图2-9），适量过磷酸钙、硝酸铵等，打碎过筛，充分混匀制成。将配好的营养土装入营养钵中，土面距钵口3厘米，然后将营养钵放入做好的凹畦（阳畦）内挤紧，凹畦深度以放入钵后距畦面3～5厘米为准。打透底水，等待播种。

图2-8 配制育苗营养土用的腐熟农家肥

图2-9 草木灰

三是催芽播种。播前一周选晴天晒种2～3天，剔除已发芽、有病斑、有虫伤、霉烂的种子，以及秕籽、杂粒。一般以干籽播种。也可采用浸种催芽，先用冷水浸没种子，然后用开水烫种，边倒开水边搅动，直至水温降至35℃左右，再浸泡2小时，取出沥干水分，用湿毛巾或湿纱布包好，置于 25 ～ 28℃条件下催芽。

播种时应选晴暖天气，一般上午 10 时后当床温达 10℃以上时播种，播种前浇透水，每个容器内播 3 ～ 4 粒，盖疏松肥沃细土 2 ～ 3 厘米厚，不能过薄，播后畦面塌地盖薄膜，同时加盖小拱棚，闭严大棚膜升温。

四是加强苗期管理。播种至出苗前，以保温为主，不通风，夜间要加盖草帘等防寒保温，一般不浇水，保持畦温 20 ～ 25℃。种子发芽出土后，覆细土 1 ～ 2 次，2 ～ 3 天便可齐苗，4 ～ 6 天子叶可充分展开。

出苗后，揭去地膜，用 75% 百菌清可湿性粉剂 600 倍液喷雾，防猝倒病。温度降到白天 15 ～ 20℃，夜间 10 ～ 15℃，晴天温度升到 20℃以上时，逐渐通风，30℃以上时逐渐揭开棚膜，下午 4 时前后盖膜，阴天在中午前后也应揭膜通风降温。

第一复叶充分展开后，温度提高到白天 20 ～ 25℃，夜间 15 ～ 20℃，促进花芽分化。

定植前 7 ～ 8 天，开始降温炼苗，控制白天棚温 15 ～ 20℃，夜温不低于 5℃。一般苗龄 20 ～ 25 天。第二片复叶开始吐心，株高 15 厘米左右，叶色正绿，基生叶心脏形，为适龄壮苗，可及时定植于大田。

苗期管理中若苗床光照弱，子叶提前脱落，茎细长，叶色淡绿且薄，基生叶尖心脏形，叶柄长，为徒长苗，应保持棚膜清洁，及时揭盖棚膜和草帘等覆盖物，尽量增强光照，培育壮苗。

若苗床干燥，子叶提前脱落，基生叶小，色深绿，第一复叶展开慢，叶小，茎矮，育苗时应浇足底水。营养钵育苗不易吸收到土壤中的水分，若干燥，也应在晴天中午一次性浇足水，不要小水勤浇。

若苗床温度高，叶呈圆形；若温度低，叶趋细长。育苗期间，温度管理是关键，应根据秧苗生长发育所需温度，及时调控好。菜豆育苗期短，只要配床土育苗，一般不会产生缺素症状。

66. 菜豆出苗期异常表现重在提前预防

问：菜豆育苗过程中，常常出现出苗迟（图 2-10）、苗弱、子叶残缺、烂种或高脚苗等现象（图 2-11），请问要如何防治？

答：关键在于预防，菜豆苗期较短，一旦没有管理好，出现这样那样的问题，往往是毁灭性的，只能重新再来，而要防止这些问题的出现，关键就是加强苗期的管理，提前预防。

图2-10　菜豆出苗迟或不齐　　　图2-11　未及时揭除覆盖保温物导致的菜豆高脚苗

菜豆种子发芽最低温度为10～12℃。发芽后长期处于11℃时，幼根生长缓慢，出土慢。地温在13℃以下，不利于发根，根小而短，不见根瘤。

诱发菜豆出苗期异常表现的可能原因：一是播种时底墒不足或土壤湿度偏大或土温偏低；二是施用了未充分腐熟的有机肥作基肥；三是播种深度过浅（小于3厘米）或偏深（大于5厘米）；四是浸种不当，如水温过高或浸种时间过长；五是过干的菜豆种子（包括其他豆类种子，其含水量低于9%），急剧吸水会使子叶、胚轴等处产生裂纹；六是播种后浇蒙头水；七是播种后遇降温天或连续阴雨天；八是土壤板结；九是根蛆为害。

为了培育好壮苗，防止以上现象出现，只有加强管理，提前采取预防措施，方为上策。

选择富含有机质、排水良好、土壤pH值为6.2～7、土层深厚的壤土或沙壤土地块种菜豆，不宜在土质黏重地、低洼湿地或盐碱地（特别是以氯化钠为主的盐碱地）等地块种菜豆。

一般每亩施充分腐熟有机肥3000～5000千克、过磷酸钙35～75千克、草木灰100千克作基肥，开沟深施（为使种、肥隔开），或撒施后浅翻地（深度为15～17厘米）使土肥混均匀。

春季当10厘米地温稳定在8～10℃时干籽播种。

选择籽粒饱满、表面有光泽的新种子。每亩用种量4～6千克，先晒种1～2天，播前把种子用清水喷湿，用50克根瘤菌制剂拌种，阴干后播种。

在播种前十几天，需查看土壤墒情，当表层土壤用手握成团不易散开时（土壤相对含水量在70%以上），宜整地播种。若土壤墒情差，需浇水造墒（沙壤土提前4～6天，黏壤土提前15天左右），或播种前2～3天浇水润地，或开小沟后浇小水播种（用浸泡过的种子或带小芽的种子）。

作平畦或起垄种植。如土质偏沙或土壤水分少，播种小沟可稍深些，覆土4～5厘米；如土质偏黏或土壤水分多，播种小沟可稍浅些，覆土3～4厘米。按行距开小沟，按株距点种，每点播3～5粒种子后覆土，待表土层稍干后镇压。在田间酌情修建风障，或采用地膜覆盖种植。

若是遇连阴雨天，可采用如下方法播种：把河沙、蛭石或锯末等装在木箱、浅筐、花盆等物中，浇水使其充分湿透，再把种子分层播入，保持温度20～25℃，出芽前检查烂种情况，并保持一定湿度，待出小芽后（芽长0.5～1厘米，没有出现侧根），直接栽入土方（纸袋或营养钵）中，或直接播入播种沟内（把带小芽种子贴在沟坡上）。

采用苗圃床土育苗，也可使用营养钵育苗，在配制苗床土时，不宜施用人粪尿。对蔓性菜豆每钵种3～4粒种子，对矮生菜豆每钵种4～5粒种子，覆土3厘米。保持温度20～25℃。当子叶充分展开后，白天15～20℃，夜间10～15℃，注意使幼苗见光。苗龄一般为15～25天，株高5～8厘米，有1～2片真叶（育大龄苗要注意护根）。育成幼苗可供定植或田间（直播）缺苗时补栽。

注意采取措施防治根蛆。

67. 菜豆穴盘育苗方法有讲究

问： 目前专业化种菜大多采用穴盘育苗（图2-12），请问如何进行菜豆的穴盘育苗？

答： 菜豆采用护根育苗，可缩短大田的管理时间，有利于省工、提质、增效。以前多采用撒播或营养钵育苗，目前大多采用基质穴盘育苗。其要点如下：

【选择穴盘】菜豆育2叶1心子苗选用128孔苗盘；育4～5叶苗选用72孔苗盘。

【配制基质】基质的主要成分是草炭、珍珠岩和蛭石。冬季育苗时，基质的配比一般为6∶3∶1。夏季育苗时，基质配比宜为7∶1∶2。

配制基质时加入 15-15-15 氮磷钾三元复合肥 2 ～ 3 千克，或每立方米基质加入 1 千克尿素和 1.5 千克磷酸二氢钾，或 2 千克磷酸二铵，肥料与基质混拌均匀后备用。生产上也有商品基质供选用（图 1-16）。

【播种】72 孔穴盘播种深度 1.0 厘米左右，128 孔穴盘 0.5 ～ 1.0 厘米（图 2-13）。播种后覆盖蛭石。播后将育苗盘喷透水（水从穴盘底孔滴出），使基质最大持水量达到 200% 以上。

图2-12　菜豆穴盘育苗　　　　图2-13　穴盘播种示意

【播后管理】播种后，将穴盘放入育苗床。白天大棚保持 25 ～ 30℃，夜间保持 20 ～ 25℃；4 ～ 5 天后，当苗盘中 60% 左右种子种芽伸出，少量拱出表层时，白天温度保持在 20 ～ 25℃，夜温以 18 ～ 20℃为宜。当大棚夜温偏低时，可用地热线加温或采取临时加温措施，温度过低出苗速率受影响，小苗易出现猝倒病和沤根病。苗期子叶展开至 2 叶 1 心，水分含量为最大持水量的 70% ～ 75%。2 叶 1 心后夜温可降至 15℃左右，但不要低于 12℃。白天酌情通风，降低空气相对湿度。苗期 3 叶 1 心后，结合喷水进行 2 ～ 3 次叶面喷肥。3 叶 1 心至定植，水分含量为 65% ～ 70%。

一般 72 孔苗盘育苗，20 ～ 25 天苗龄，植株高 5 ～ 8 厘米，有 2 ～ 3 片真叶；128 孔苗盘育苗，株高 8 ～ 12 厘米，有 4 ～ 5 片真叶，25 ～ 40 天苗龄时及时定植，大面积种植时，定植田要提前进行翻耕整地施肥等工作，做到土等苗，防止超龄苗（图 2-14）。

图2-14　菜豆苗要及时移栽防止超龄

苗期徒长时，可喷施 50 ~ 100 毫克/千克矮壮素液或 5 ~ 10 毫克/千克多效唑液。

68. 菜豆大棚早熟栽培有讲究

问： 菜豆采用大棚栽培较露地栽培可提早月余上市，效益非常好，请问最早可以什么时候播种，在栽培过程中要把握哪些环节？

答： 菜豆采用大棚进行春提早栽培（图 2-15），效益佳，应选择早熟、耐寒、结荚集中、植株矮小紧凑、叶片较小的品种，大棚内采用温床或冷床育苗，长江流域播种期一般在 2 月中旬至 3 月上旬。然后按如下的程式化栽培技术进行管理。

【种子消毒】选晴朗天气晒种 1 ~ 2 天。播种前用硫菌灵 500 ~ 1000 倍液浸种 15 分钟，以预防苗期灰霉病；或在播种前用 1% 甲醛溶液浸种 20 分钟，再用清水冲洗后播种，以预防炭疽病。

最好在播种前再用 0.5% 硫酸铜水溶液浸种 1 小时，以促进根瘤菌的发生。

【苗床制作】在播种前 10 ~ 15 天制作苗床。

【播种】采用育苗移栽的方法，可撒播育苗（图 2-16），也可采用营养钵育苗。

图 2-15 菜豆早春大棚促成栽培

图 2-16 菜豆撒播育苗

撒播的，播种时将种子均匀撒播于苗床，播后覆土 2 厘米，铺一层稀疏稻草，然后覆盖薄膜保温，夜间要盖草帘保温。

营养钵育苗的，每钵播种 3 ~ 4 粒，播后注意保温。

【苗期管理】

①播种后，如果棚温能保持 20 ~ 25℃，3 ~ 4 天可出苗。

②当有 30% 种子出苗后，揭去覆盖的稻草和薄膜。

③子叶充分展开后，适当降低温度，以防徒长。

④苗期一般不浇水，定植前 4 ~ 5 天通风降温炼苗。

【施足基肥】定植前 10 ~ 15 天扣棚盖膜，定植前一周，施足基肥，对酸性或缺钙土壤，播种前应施适量生石灰改良。施基肥翻地的同时，每亩需用 50% 多菌灵可湿性粉剂 1.5 千克掺土 30 千克撒施，以防治菜豆根腐病。

【整土作畦】定植前 3 ~ 4 天，精细整地，深沟高畦，畦面整成龟背形，畦宽（连沟）1.3 ~ 1.5 米。作畦后即覆盖地膜。

【定植】

（1）定植时间　可在晚霜前 10 ~ 15 天，或 10 厘米地温稳定在 10℃ 以上时定植。在长江中下游地区适宜的定植时间一般为 3 月上中旬。

（2）定植规格　矮生菜豆每畦种 4 行，行距 33 厘米，穴距 30 厘米，每穴种 2 ~ 3 株。蔓生种每畦种 2 行，行距 65 厘米，穴距 20 厘米，每穴 3 株。

（3）定植方法　选子叶展开、第一对真叶刚现时的幼苗，在冷尾暖头的晴天定植。采用营养钵育苗的苗龄可稍大。定植后及时浇定植水。

【闭棚保温】定植后，扣严大棚，保持棚温白天 25 ~ 30℃，夜间 15℃ 以上，1 ~ 2 天内密闭不通风，促缓苗。定植后，如有强冷空气来临，应搭建小拱棚，夜间加盖草苫、遮阳网等保温。

【查苗补苗】定植后及时检查，对缺苗或基生叶受损伤的幼苗应及时补苗。

【浇缓苗水】定植后，隔 3 ~ 5 天浇一次缓苗水。

【适当降温】缓苗后，棚温白天保持 20 ~ 25℃，夜间不低于 15℃，棚温高于 30℃ 时要通风降温。

【追施提苗肥】秧苗成活后，追施 15% ~ 20% 的腐熟人粪尿提苗。

【控水蹲苗】浇缓苗水后原则上不浇水，并加强中耕，每 6 ~ 7 天一次，先深后浅，结合中耕向根际培土。

【撤小拱棚】气温达 20℃ 以上时撤去小拱棚。

【搭架】蔓生菜豆应在植株开始"甩蔓"时搭架引蔓，搭"人"字架，或用塑料绳引蔓。

【昼夜通风】开花期，白天棚温 20 ～ 25℃，夜间不低于 15℃，在确保上述温度条件下，可昼夜通风。

【保花保荚】

（1）花期　可用 1 ～ 5 毫克/升的对氯苯氧乙酸喷洒植株，或用 5 ～ 25 毫克/升的萘乙酸溶液喷洒。矮生菜豆在盛花期喷洒 1 次，隔 7 ～ 10 天再喷 1 次即可；蔓生菜豆开花一批处理一批，需多次喷洒。

（2）花、荚期　用 10 ～ 20 毫克/升增产灵喷洒 1 ～ 2 次。

（3）结荚后　用 10 ～ 20 毫克/升的赤霉酸喷荚，促进荚果生长。

【结合浇水追结荚肥】结荚后，追肥一次，以后每隔一周追施一次。

【浇水保湿】在幼荚有 2 ～ 3 厘米时或第一次嫩荚采收后开始浇水，以后每隔 5 ～ 7 天浇水一次，但要防雨后涝害。

【叶面施肥】结荚期每亩喷 6.6 升水加硫酸锌 1 千克配成的溶液。

生长期，叶面喷洒 1% 葡萄糖或 1 微升/升的维生素 B_1，可促进光合作用，促使早熟增产。后期用 0.5% 的尿素结合防病加代森锌叶面喷洒。

【采收】菜豆定植后 30 ～ 40 天即达始收期，菜豆在开花后 20 天左右即达商品成熟期，应适时采收（图2-17）。

图2-17　适时采收的菜豆嫩豆荚

【结合浇水追防衰肥】生长后期，可连续重施追肥 2 ～ 3 次，一般每隔 10 天一次，最好用三元复合肥，每亩每次用量为 10 ～ 15 千克。

69.菜豆小拱棚套地膜覆盖栽培应把握好田间管理关键点

问： 菜豆小拱棚套地膜栽培（图2-18），可较露地或露地加地膜覆盖提早上市10天左右，抢早上市，经济效益较好，请问应把握哪些关键要点？

图2-18 菜豆小拱棚套地膜覆盖栽培

答： 可按如下程式化栽培要点进行管理。

【选择品种】应选择较耐低温、优质高产的菜豆品种。

【配制营养土】营养土由6份肥沃无病虫园土加4份腐熟堆肥充分混匀制成。

【播种】播前一周选晴天晒种2～3天，一般以干籽播种。晴天上午10时后当大棚内床温达10℃以上时播种，播前浇透水，每个容器内播4～5粒，盖细土2～3厘米厚，播后塌地盖薄膜，加盖小拱棚，闭严大棚膜升温。

【苗期管理】

（1）播种至出苗前 以保温为主，不通风，夜间要加盖草帘等防寒保温。

（2）出苗后 揭去地膜，用75%百菌清可湿性粉剂600倍液喷雾防病。温度降到白天15～20℃，夜间10～15℃，晴天温度升到20℃以上时，逐渐通风，30℃以上时逐渐揭开棚膜，下午4时前后盖膜，阴天在中午前后也应揭膜通风降温。10～15天内，苗出齐后间苗，每个容器内留3～4株苗。直至第一复叶充分展开时，温度提高到白天20～25℃，夜间15～20℃。

（3）定植前 10 天　适当降温炼苗。一般苗龄 20 ~ 25 天。第二片复叶开始吐心，株高 15 厘米左右定植。

【整地施肥】蔓生菜豆，定植前一周整地，深翻 25 ~ 30 厘米，每亩施有机肥 3000 ~ 4000 千克、过磷酸钙 20 ~ 25 千克、草木灰 50 ~ 100 千克。

【作畦盖膜】深沟高畦，畦宽 1.2 米，作畦后浇透底水，用 50% 多菌灵可湿性粉剂 500 倍液喷洒畦面消毒，再喷敌草胺除草剂后盖地膜升温。

【定植】

（1）定植规格　矮生种行距 30 ~ 50 厘米，穴距 20 ~ 30 厘米；蔓生种行距 50 ~ 60 厘米，穴距 30 ~ 40 厘米。

（2）定植方法　定植前营养钵应浇水。用营养钵育苗，地膜覆盖定植的，定植时按株行距在膜上打孔，去掉容器后，连土坨一起将苗放入，覆细土，稍压实。

【浇定根水】定植后，用 20% 甲基立枯磷乳油 1000 倍液或敌磺钠 1000 倍液淋蔸，每株灌 250 ~ 300 毫升。

【闭棚促缓苗】浇定根水后，盖严小拱棚，密闭 5 ~ 7 天促缓苗（图 2-19）。

【控水蹲苗】定植后至开花前，一般不浇水。

【追施提苗肥】抽蔓期，可酌施 1 ~ 2 次粪水提苗，现蕾至初花期控制肥水。

【搭架引蔓】矮生菜豆不需搭架，蔓生菜豆开始抽蔓后，应及时搭架引蔓（图 2-20）。

图2-19　菜豆小拱棚套地膜覆盖定植缓苗后效果图

图2-20　菜豆露地地膜覆盖栽培应及时搭架引蔓

【追施结荚肥】盛花期后，每亩施硫酸铵 10 ～ 15 千克或人粪尿 1500 ～ 2000 千克，以后每采收 2 ～ 3 次追肥一次。也可喷施 0.3% 磷酸二氢钾，每隔 6 ～ 7 天一次。

【保花保荚】开花结荚期，可采用 2 毫克 / 千克的对氯苯氧乙酸、15 毫克 / 千克的吲哚乙酸或 5 ～ 25 毫克 / 千克的 β- 萘氧乙酸喷花序。或用 5 ～ 25 毫克 / 千克的赤霉酸喷射茎的顶端。

【防治病虫害】主要病虫害是根腐病、炭疽病、锈病、细菌性疫病、斜纹夜蛾、蚜虫等，病害要从早期进行预防才能取得较好的效果，发现虫害要及时防治。

70.菜豆春露地直播栽培有讲究

问： 菜豆春露地直播（图 2-21）是生产上的主要方式，请问如何更好地把握好种植技术要领？

图2-21 菜豆春露地地膜覆盖直播栽培

答： 菜豆春露地直播简单省事，但若管理不好，很容易出问题，因此，建议按以下操作要领组织生产。

【播期选择】选晚霜前数天，土层 10 厘米地温稳定在 10℃，而且未来几天天气晴朗时直播。

【施足基肥】一般每亩施腐熟农家肥 4000 ～ 6000 千克、过磷酸钙 10 ～ 50 千克、钾肥 10 ～ 15 千克。

【整地作畦】提早深翻，耙细整平，作 1.2 米宽的平畦或高畦。北方多采用平畦，南方多采用高畦深沟，畦高 10 厘米，畦沟宽 40 厘米。

【种子处理】将种子晒 1～2 天后，用种子质量 0.3% 的 1% 甲醛溶液浸种 20 分钟，可防炭疽病。浸药后的种子，用清水冲洗干净后，再播种。

【直播】

（1）直播方法　蔓生菜豆宜按行距开沟条播，沟深 3～5 厘米，也可穴播；矮生菜豆宜穴播。

（2）直播规格　一般每畦两行，蔓生菜豆行距 65～85 厘米，穴距 20～26 厘米，每穴播种 4～6 粒；矮生菜豆行距 30～40 厘米，穴距 15～25 厘米，每穴播种 3～6 粒，播种后覆土 3～5 厘米。

为了保证苗全苗壮也可采用育苗移栽法，在棚室里育苗，可比直播提早成熟 7～10 天。

【划锄引苗】播后 10 天左右可出苗，应及时划锄。露地栽培一般结合地膜覆盖，出苗时破开地膜，将幼芽引出。

【查苗补苗】出现一对基叶时，应查苗补苗，一般每穴保留 3 株苗（图 2-22）。

【浇缓苗水】定植苗或补换的苗，应在 3～4 天后浇一次缓苗水，然后中耕细锄。

【结合浇水追肥提苗】直播的一般在复叶出现时第一次追肥，育苗移栽后 3～4 天施一次活棵肥。追肥量每亩施腐熟粪水 1500 千克，最好加入过磷酸钙 25 千克。

注意苗期不宜施氮肥过多。

【中耕除草】苗期在雨后或施肥前除草 1～2 次。中耕时结合除草及时培土（图 2-23）。

图2-22　查苗补苗，每穴留3苗　　图2-23　菜豆人工除草

【控水蹲苗】前期应适当控制水分，多次中耕。初开花期，如不过于干旱一般不浇水。过于干旱，也只宜在临开花前浇一次小水。

【引蔓搭架】蔓生菜豆在抽蔓后要及时搭架，可搭"人"字形架。也有采用铁丝上吊塑料绳绑蔓栽培的。

【浇水保湿】幼荚 2 ~ 3 厘米长时，开始浇第一水，以后每 5 ~ 7 天浇一水，保持土壤湿润。

【追施结荚肥】开花结荚期后，应重施追肥。每亩施腐熟人粪尿 2500 ~ 5000 千克，每 7 ~ 8 天施一次，矮生品种施 1 ~ 2 次，蔓生品种施 2 ~ 3 次。

如配合施用 2% 过磷酸钙或 0.5% 尿素作根外追肥，可有效减少落荚，增加荚重。

【采收】春季蔓生菜豆播种后 60 ~ 70 天，即可开始收获嫩豆荚。

【浇水降温】高温季节，可轻浇勤浇，采用早晚浇水和压清水等办法，降低地表温度。

71.菜豆夏秋露地直播栽培有讲究

问：夏秋露地栽培（图 2-24），一般 9 月末至 10 月初上市，供应秋淡，效益较佳，请问应把握哪些栽培要领？

答：可按如下程式化栽培技术进行管理。

【选择品种】应选择耐热、抗锈病和病毒病、结荚比较集中、坐荚率高、对光的反应不敏感或短日照品种。

【确定播期】应根据当地常年初霜期出现时间往前推算，到初霜来临应有 100 天的生长时间，矮生菜豆应有 70 天以上的生长时间。在长江中下游地区宜在 7 月中下旬播种。

注意：播期不宜过早或过迟。

【整地作畦】在前茬罢园拉秧后深翻整地施肥，每亩施基肥 2000 ~ 2500 千克，作 10 ~ 15 厘米小高畦。

【播种】宜直播，播种时应有足够的墒情，株距 20 ~ 25 厘米，行距 55 ~ 60 厘米。如播后遇雨，土稍干时要及时松土。播种不能过深，以不超过 5 厘米为宜。

与小白菜等套作、间作，或行间覆草（图 2-25），可降低地温和维持较好的水分状况。

图2-24 菜豆夏秋露地栽培　　　图2-25 菜豆夏秋行间覆草栽培

【中耕除草】出苗后应适当浇水保苗，蹲苗期宜短，中耕要浅，中耕多在雨后进行。

【防治病虫害】注意及时防治病毒病、枯萎病、甜菜夜蛾、红蜘蛛、豆野螟等病虫害。

【薄水淡肥提苗】应从苗期就加强肥水管理，一般从第一片真叶展开后要适当浇水追肥，施追肥要淡而勤，切忌浓肥或偏施氮肥。

【控水蹲苗】开花初期适当控制浇水。

【追施结荚肥】在坐荚后，每亩追施三元复合肥 10 千克左右。

【保湿防涝】结荚之后开始增加浇水量。雨季及时排水，热雨后还应浇井水以降低地温。随着气温逐渐下降，浇水量和浇水次数也相应减少。

【采收】一般从 9 月中下旬开始采收，10 月下旬早霜来临前收获完毕，暖冬条件还可延后。

72. 菜豆大棚秋延后直播栽培有讲究

**问:** 菜豆大棚秋延后最迟什么时候播种，其栽培技术要点有哪些?

答: 菜豆采用大棚进行秋延后栽培，可较夏秋露地栽培延后上市，弥补冬季淡季。但播种期也不能无限延长，在长江中下游地区，播种期从 7 月底至 8 月上旬，其标准是在初霜期以前 100 天左右。在栽培方面按以下程式化栽培技术进行管理。

【整地施肥】一般采用直播（图 2-26）。整地前施足基肥，精细整地，深沟高畦，畦面整成龟背形，畦宽（连沟）1.3 ~ 1.5 米。

【直播】

（1）矮生菜豆（图 2-27）　每畦种 4 行，穴距 30 厘米，每穴 3 ~ 4

图2-26 菜豆秋延后大棚栽培   图2-27 矮架菜豆

粒种子。

（2）蔓生菜豆 每畦种2行，穴距20～25厘米，每穴播种4～5粒。

（3）播种后覆土2～2.5厘米，并在畦面上覆盖稻草降温保湿。

在前茬作物拉秧很晚而不能播种的情况下，可育苗移栽，但必须采用营养钵。

【定苗】一般播种后3～4天即可出苗，出苗后清除秧苗上方的稻草，待菜豆子叶展开，真叶开始显现时间苗，每穴留苗2～3株。

【补苗】发现有缺株，应在阴天或晴天傍晚补苗，并浇水保苗。

育苗移栽的，在子叶展开后即可定植，边定植边浇水，畦面盖稻草，并在大棚上覆盖遮阳网。

【防治病虫害】生长期间，及时防治锈病、病毒病、菌核病、蚜虫、红蜘蛛等。

【中耕除草】在出苗后或浇缓苗水后封垄前应分次中耕除草，结合中耕每7～10天培土一次。

【搭架引蔓】蔓生菜豆在植株抽蔓后应及时搭架引蔓。

【薄肥提苗】在开花前追施一次薄肥。

【控水壮苗】植株开花时，应控制浇水。

【轻施嫩荚肥】进入开花期后，当第一批嫩荚长2～3厘米时轻追一次肥。

【保湿】幼荚伸长肥大后，可每7～10天浇水一次，保持土壤湿润。

【重施结荚肥】进入盛荚期，重施追肥。

【采收】10月上旬，菜豆进入始收期，应及时采收。

【保温防寒】

①10月中旬霜降以后棚内温度降低，应停止追肥，减少浇水。

②10月下旬以后气温下降，应及时覆盖薄膜保温，白天保持20～25℃，夜间不低于15℃。如果白天温度超过30℃时，应及时通风。

③11月中旬以后矮生菜豆栽培在大棚内搭建小拱棚，可维持较适宜的温度条件，延长采收期。

73. 菜豆单蔓整枝可提早上市并高产

问：菜豆单蔓整枝可提早上市并增产，请问在管理上有何特点？

答：菜豆单蔓整枝（图2-28）是一项高产栽培技术。在菜豆抽蔓后，除茎基部的休眠芽外，连续摘除菜豆主蔓叶腋的营养芽，避免生成侧枝。爬满架后，及时打顶，并摘除所有萌发的侧芽，经人工控制，使其转入生殖生长，完全进入开花结果阶段。该技术由于改善了光照条件，促进了光合产物的合理分配，提高了植株抗性，与习惯用的不整枝相比可增产30%以上，提前上市5～10天。菜豆主蔓各叶腋上的花枝，因顶端优势的作用，自上而下，顺次开花、结果。结果时期，整株的营养集中供应几个花枝，营养充足，荚果肥大，大小一致性好，质量佳。该技术比较简单。

【品种选择】选用早熟、耐老、蔓生品种。

【播种】3月上旬直播，地膜覆盖。宽窄行种植，宽行80厘米，窄行40厘米，穴距30厘米，每穴种2～3粒种子，双株留苗。每亩3700穴，7400株。

【定苗】苗全后及时定苗，每穴只留2株（图2-29）。

图2-28　菜豆单蔓整枝

图2-29　五季豆黑色地膜加小拱棚栽培单蔓整枝，每穴2株

【中耕除草】苗期浅中耕，若干旱及时浇水。

【吊架】抽蔓前塑料绳吊架。

【引蔓】当豆苗抽蔓后，及时人工引蔓。引蔓于晴天午后进行。

【单蔓整枝】茎蔓爬架后，及时摘除菜豆主蔓叶腋的营养芽，避免生成侧枝，以后每隔 7 ~ 10 天摘除一次。菜豆爬满架后，及时打顶，并摘除所有萌发的侧芽，经人工控制，使其转入生殖生长。

【肥水管理】花前少施，花后多施，结荚期重施，氮、磷、钾配合使用。苗期每亩用人畜粪 2000 ~ 2500 千克，开沟施入。

结荚以后，每亩追施 45% 复合肥 25 ~ 30 千克。若久旱不雨，应 5 ~ 7 天浇水一次，保持田间最大水量为 60% ~ 70%。

【采收】一般在开花后 10 ~ 15 天进入采收期。

74. 菜豆越夏栽培花期前后要把握好四点

问： 越夏菜豆要高产，在花期管理上有哪些关键要点？

答： 菜豆越夏栽培一般于 6 月上旬直播。除了选择既耐高温又抗锈病的品种外，花期（图 2-30）前后的管理至关重要，要把握好四个关键点。

图 2-30　菜豆花期

一是花前补硼。菜豆开花坐荚离不开硼肥，但花期才开始补硼就显得有些晚了，不能发挥出应有的效果。应把硼肥补在菜豆花前。可在菜豆上架后每亩每次冲施硼砂 1 ~ 2 千克，也可用 1500 倍液的速乐硼叶面喷洒。

二是花期控水。控水不可过度，否则可致使土壤过分干旱导致菜豆落花落荚。因此，为使菜豆花期土壤不至于太干旱，可在菜豆临开花前浇一次水，如开花期土壤过于干旱，也可适当浇一次小水。总之，菜豆花期土壤要保持干而不旱的状态，才最适合菜豆开花坐荚。

三是花谢拾花。菜豆残花最易感染灰霉病。因此，每当花谢后都要摇一遍菜豆架，把残花摇落。摇不落的残花，一定要逐个摘下来。这种摘除残花的过程称之为拾花，大量的实践证明，拾花是防治菜豆灰霉病的一项重要措施。

四是花后补钾。菜豆开花坐荚后，需肥量逐渐加大，尤其是需要大量的钾肥。可在菜豆开花坐荚后，每亩每次冲施高钾复合肥 25 千克或钾肥 8 千克，以供膨荚所需。

75. 菜豆多施充分腐熟的有机肥好

问： 现在土壤盐渍害重，有人说多施有机肥可以改良土壤，特别是有机菜豆生产不能使用化肥，请问有哪些有机肥，如何正确施用？

答： 土壤问题是我国当前的一个大问题，主要是由过度施用化学肥料，有机肥施用少了或没有施用导致的。

施用有机肥可改善土壤的环境条件，增加土壤有机质含量，改善土壤结构，调节土壤 pH，提供土壤中微生物活动的适宜环境，使养分平衡地供给，为菜豆生产创造良好的环境。

菜豆施肥要讲究以有机肥为主，辅以其他肥料；以多元复合肥为主，单元素肥料为辅；以施基肥为主，追肥为辅。尽量限制化肥的施用，如确实需要，可以有限度有选择地施用部分化肥，并做到平衡施肥。有机菜豆生产可以施用的肥料主要有以下几种。

（1）农家肥 指含有大量生物物质、动植物残体、排泄物等物质的肥料。农家肥在制备过程中，必须经无害化处理，以杀灭各种寄生虫卵、病原菌和杂草种子，去除有机酸和有害气体，达到卫生标准。农家肥主要有堆肥（图 2-31）、沤肥（图 2-32）、厩肥、沼渣肥（图 2-33）、绿肥（图 2-34）、作物秸秆、泥肥、灰肥、饼肥等，其中，应大力提倡高温堆肥。堆肥、沤肥、厩肥、沼渣肥、绿肥、作物秸秆适于撒施或条施。灰肥和饼肥适于穴施。对有机质低于 1.2% 的土壤，必须每亩施用 3 立方米以上的农家肥，才能满足作物生长需要。

图2-31 鸡粪加稻壳高温堆制发酵的
有机肥

图2-32 沤肥

图2-33 沼渣肥

图2-34 紫云英绿肥

（2）商品有机肥 指有机肥料生产厂家，按规范的工艺操作生产的商品有机肥。其产品必须检验登记证、生产许可证、质量标准齐全，并经有关部门质量鉴定合格。商品有机肥主要包括精制有机肥、微生物肥料、腐植酸肥料、有机液肥等。其可采用撒施、条施或穴施等方法。若用商品有机肥代替鸡粪作基肥使用，一般每亩用量在300～1000千克，土壤状况较差的可适当增加用量。3年以上的大棚可适当增施生物有机肥，一般每亩用量在100～300千克，5年以上的老龄大棚应适当减少化肥用量，增加生物有机肥用量。

（3）生物菌肥 包括腐植酸类肥料、根瘤菌肥料、磷细菌肥料、芽孢杆菌类肥料和几种菌类的复合肥等。增施生物肥料，可促进蔬菜吸收利用土壤中的营养元素，减少化肥的使用量，同时可活化土壤中的氮、磷、钾、镁、铁、硅等元素，对蔬菜高产优质，减轻土壤障碍因子有独特作用。

（4）无机矿物质肥料 如矿物质钾肥和硫酸钾、矿物质磷肥等。

（5）其他肥料 包括由不含合成添加剂的食品、纺织工业的有机副产品、不含防腐剂的鱼渣、牛羊毛废料、骨粉、氨基酸残渣、家畜加工废料、糖厂废料等有机物料制成的有机肥料。其可采用撒施、条施或穴施等方法。

合理地施肥，尤其是施用有机肥，可提高菜豆的品质，增强其适口性。合理地施用微量元素，可保证菜豆的正常生长，也可增加产品中微量元素的含量。人畜禽粪尿使用前必须经过无害化处理，经过处理的有机肥要标明生产日期。有机肥原则上就地生产和使用。有机肥要有合理的贮藏地点，以降低对环境造成污染的可能。

76. 菜豆大棚栽培施肥有讲究

问： 菜豆采用大棚栽培能提早上市，效益好，但往往植株长势太旺，影响结荚，请问是不是施肥过多？

答： 近几年来，早春采用大棚种植菜豆的越来越多。长江流域，温床或冷床育苗，一般在2月中旬至3月上旬播种，3月上中旬移栽，4月下旬至7月上旬采收，生育期短，较耐寒。种植大棚菜豆是应对春淡的一个好措施，在早春蔬菜中菜豆是上市较早的一个品种。若前期施肥过多，植株旺长，营养生长过旺（图2-35），会导致生殖生长差，开花结荚少。因此，大棚春提早栽培要重视肥料的施用问题。

图2-35 菜豆施肥过多导致的旺长现象

在基肥方面，应在选择排水良好的沙壤土的基础上，结合深翻整地，每亩施充分腐熟农家肥 3000～4000 千克（或商品有机肥 400～600 千克）、过磷酸钙 20～25 千克、草木灰 50～100 千克。深沟高畦，畦宽 1.2 米，作畦后浇透底水，用 50% 多菌灵可湿性粉剂 500 倍液喷洒畦面消毒，盖地膜升温。

在追肥方面，一般要注意在开花坐荚前尽量不追施肥水或少施，开花坐荚后又要保证肥水供应，防止早衰。一般蔓生品种追肥，在抽蔓期可视苗情追施 1～2 次稀淡人粪尿 500～750 千克提苗；现蕾至初花期应控制肥水，防止徒长；盛花期后，每亩施硫酸铵 10～15 千克或人粪尿 1500～2000 千克，以后每采收 2～3 次追肥一次。矮生品种追肥，可在移植成活后 5～6 天，每亩追一次稀淡人粪尿 500～750 千克提苗，隔一周后第二次追肥，开花结荚期每亩施人粪尿 1500～2000 千克，并叶面喷施 0.3% 的磷酸二氢钾溶液，每隔 6～7 天一次，连喷 2～3 次。

77. 菜豆要大量增施有机肥以防止土壤盐渍化导致的土传病害多

问： 菜豆土面上有红色物质，那是什么？

答： 这是菜豆的土壤盐渍化现象（图 2-36）。菜豆根部问题以根部病害居多，而造成这种情况的原因是因为不注重土壤养护。在菜豆生产中，由于对养护土壤的重视程度不够，导致土壤盐渍化，造成根系生长不良，长势弱化（图 2-37）。而造成土壤盐渍化的原因，一方面

图 2-36　露地菜豆土壤盐渍化

图 2-37　露地菜豆土壤盐渍化重长势差的田间表现

是与有机质投入量不足有关，另一方面与集中施用化学肥料有关。无论是盐害还是土传病害，都是土壤养护不力造成的。所以，要想根治菜豆根部问题，首先得养出健康好土。有些菜农虽然用了甲壳素、腐植酸等产品，但土壤还是会出现这样的问题，其根本原因在于向土壤中投入的有机肥量太少而化学肥料太多。养土的关键在于有机质的补充。在定植前要施足有机肥，平均每亩有机肥的用量要达到 2000 千克以上，这样才能够快速提高土壤有机质含量，否则即使向土壤中投入再多的养根产品，也起不到良好的效果。

大棚菜豆进入结荚期后，补充有机质的最好办法是随水冲施，通过生物菌发酵豆饼、豆粕等，也可直接使用含有机质的水溶性产品。尤其是在蔬菜进入花果期以后，每次浇水都应与矿物质水溶性肥料配合施用。

78. 菜豆春露地栽培要根据各时期需肥特点及时施肥

问： 春露地菜豆要么枝繁叶茂，结荚不多，要么长势差，豆荚结不了几批，请问是何原因？

答： 菜豆春露地栽培，一般 3 ~ 4 月直播，5 月上旬至 7 月上旬采收。之所以出现这种情况，与施肥技术有很大的关系，要根据菜豆各个时期的需肥特点进行施肥（图 2-38）。一般来说，菜豆幼苗期，要结合基肥早施追肥，尤其是氮肥，有利于促进花芽分化。抽蔓期，应加强肥水管理，改善温光条件，促使秧壮棵大，并增加花芽数。因根瘤菌固氮能力仍较弱，故仍需适当追施氮肥，以促进植株生长。结荚期，从开花到第一花序坐住荚，此期营养生长很旺盛，因养分不够充足，易出现落花。生产中应适当控水，以促进坐荚。从第一花序坐住荚到进入盛花期，应注意加强肥水管理，改善条件，并注意防治病虫害，以减少落花、落荚。从开花结荚数量明显下降到采收结束，茎叶生长极其缓慢，开花结荚数量极少，条件允许时可加强肥水管理，促进侧枝的第二次发生（图 2-39），以延长采收期，增加产量。

具体到春露地栽培，基肥应结合深翻整地，每亩施充分腐熟农家肥 4000 ~ 6000 千克（或商品有机肥 500 ~ 750 千克）、过磷酸钙 30 ~ 50 千克、钾肥 10 ~ 15 千克。

春露地栽培要做到适时追肥，矮生菜豆播种后 20 ~ 25 天，蔓生菜豆大约 25 天时，应及时追肥，尤其是氮肥。但苗期要防止施氮肥过多。

图2-38 菜豆露地种植要加强
肥料管理

图2-39 菜豆露地栽培后期要加强
肥水管理以促进侧蔓发生

直播的一般在复叶出现时第一次追肥，育苗移栽后 3 ~ 4 天施一次活棵肥。追肥量每亩施腐熟粪水 1500 千克。

当植株进入开花结荚期后，需肥量增加，应注意重施追肥。一般每亩施腐熟人粪尿 2500 ~ 5000 千克，每 7 ~ 8 天施一次，矮生品种施 1 ~ 2 次，蔓生品种施 2 ~ 3 次。如配合施用 2% 过磷酸钙或 0.5% 尿素作根外追肥，可有效减少落荚，增加荚重。

79.菜豆春露地地膜覆盖栽培除了施足基肥外要注意后期追肥防止早衰

问： 菜豆春露地地膜覆盖栽培，由于盖了地膜后期不好追肥，请问应如何操作？

答： 菜豆春露地加地膜覆盖栽培，可以较春露地栽培提前一周左右上市，且地膜覆盖还起到除草、保墒、保肥、保水等作用，经济效益要大大高于地膜覆盖的成本，是早春蔬菜生产上的一种主要栽培方式，若定植后一段时间配合小拱棚覆盖，则经济效益更佳。虽然采用了地膜覆盖，基肥施用较足，但也要注意后期的破膜追肥，以防早衰（图2-40）。

春露地地膜覆盖栽培应选用土层深厚的壤土或沙壤土种植，结合整地，亩施充分腐熟农家肥 4000 ~ 6000 千克（或商品有机肥 500 ~ 750 千克）、尿素 15 ~ 20 千克、磷酸二铵 20 ~ 25 千克。

在追肥方面，苗期、初花期、盛花期，每亩喷施磷酸二氢钾 200 ~ 250 克或绿风 95 叶面肥 50 毫升。地膜覆盖追肥困难，所以要

图2-40　菜豆地膜覆盖栽培要加强肥水管理防止后期早衰

增施基肥，尤其是有机肥，后期气温高时可揭膜追肥。在结荚期应补充大量含氮的肥料和一些腐熟的农家肥料，以保证结荚期的水分和养分，后期追肥可参考春露地栽培，追肥可破膜追肥或在植株旁刺孔追施水溶肥。

80. 菜豆夏秋露地栽培要勤施肥，一促到底

问： 菜豆夏秋露地栽培，气温高，雨水多，在施肥方面有无特殊的讲究？

答： 菜豆夏秋露地栽培，一般在7月下旬至8月上旬直播，9月末至11月上旬采收，生育期短。此期气温高，雨水多，菜豆生长迅速，施肥应做到一促到底。雨水多，肥料易流失，因此应勤施薄施（图2-41）。施基肥时，要结合深翻灭草，每亩施充分腐熟农家肥2000～2500千克（或商品有机肥300～400千克）。整地作10～15厘米小高畦。

夏秋菜豆生长期短，应从苗期就加强肥水管理，一般从第一片真叶展开后要适当浇水追肥，施追肥要淡而勤，切忌浓肥或偏施氮肥。

追肥也可在坐荚后进行，每亩追施三元复合肥10千克左右。

81. 菜豆大棚秋延后栽培要基肥、追肥、叶面肥齐上阵，以利于优质高产

问： 秋季利用大棚种菜豆时间短，温度不高，光照不足，打霜后就只能罢园了，请问在施肥方面有何技巧？

答：菜豆大棚秋延后栽培于 8 月下旬至 9 月上旬直播，10 月上旬至 12 月上旬采收。前期气温高，植株长势快，开花结荚后，温度逐步降低，遇霜冻后就基本失去了开花结荚能力。因此，要想菜豆优质高产，除了加强前期降温和后期保温工作外，还应在施足基肥的基础上，结合浇水及时追肥，并结合叶面施肥，提高菜豆生长后期的防寒和促花保荚能力（图 2-42）。

图 2-41　菜豆夏秋栽培要一促到底，勤施薄施肥水　　图 2-42　菜豆秋延后栽培要加强中后期追肥管理促花保荚

一般在施用基肥时，应结合整地，每亩施充分腐熟农家肥 3000 ～ 4000 千克（或商品有机肥 400 ～ 500 千克）、复合肥 15 ～ 20 千克。

抽蔓现蕾时应追肥 1 次，施肥种类以人粪尿、腐熟农家肥为主，并适当加施一定量的硫酸钾或硝酸钾，随浇水冲施。

在初花期结荚后，从第一荚长 5 厘米到顶花谢花共追 2 次肥，每亩追施硝酸钾或高氮高钾复合肥 20 ～ 30 千克，可随浇水冲施。

为防止落花落荚，在开花结荚期，每隔 4 ～ 5 天喷洒浓度为 10 ～ 25 毫克/升的萘乙酸、15 毫克/千克的吲哚乙酸或 1 ～ 5 毫克/千克的脱落素（对氯苯氧乙酸钠）1 次。

82. 菜豆施肥要注意防止前期施肥过多造成植株徒长

问：我的菜豆比邻居同期定植移栽的长得好，肥也施得多，可比邻居的开花结荚都要迟，没抢早上市抓住价格好的时段，这是为什么呢？

答：这与菜豆生长前期施肥过多造成植株徒长，以及苗期高脚苗、大棚内温光湿的调节不到位等有关。菜豆植株徒长，在不同生长阶段表现各异。菜豆幼苗出土后，胚轴生长过长，即长成了高脚苗，开花结荚期表现为植株节间长，茎秆细，叶片黄，开花少，结荚少。

诱发菜豆植株徒长的因素有：幼苗出土后没有及时降温，使幼苗长成高脚苗；苗期施氮肥过多；在植株开花前，因降雨或浇水造成土壤中水分过多；保护地内光照不足，湿度大；保护地内温度高。

要防止菜豆植株徒长（图2-43），主要应加强栽培管理，提早预防。在施肥方面，苗期要控制氮肥用量，直播幼苗在复叶（第三片真叶）出现时或在幼苗定植后3～4天，第一次追肥和浇水，每亩追施20%～30%腐熟稀人畜粪尿约1500千克，并加入硫酸钾2.5千克和过磷酸钙2.5千克，应中耕除草并培土2～3次。然后，要到第一花序上的嫩荚长3～5厘米时，才开始再追肥浇水，每亩施用50%的人畜粪尿2500～5000千克，或硫酸铵15～20千克，或尿素10千克，或硫酸钾10～15千克。要坚持"花前少施肥，花后适量，结荚期重施"的原则，追肥1～3次。在结荚盛期，可叶面喷洒0.01%～0.03%的钼酸铵溶液。

一旦出现徒长现象，要针对原因采取相应措施，在株高80厘米左右时打顶（掐尖），使茎蔓粗壮，促生侧枝。在株高30厘米、50厘米、70厘米时，分别喷洒100毫克/升的甲哌鎓和0.2%的磷酸二氢钾混合溶液、200毫克/升的甲哌鎓和0.2%的尿素混合溶液、200毫克/升的甲哌鎓和0.2%的磷酸二氢钾混合溶液。

图2-43　菜豆开花结荚前期应注意控肥水，以防徒长

83. 菜豆生产要把握好追肥时期，以促进结荚

问: 菜豆的生育期较短，要想提高产量，应从哪些方面着手呢？

答: 要想提高菜豆的产量，就要按标准化栽培，确保每个环节到位，特别是在施足基肥的基础上，要针对不同的菜豆种类，适时适量把好追肥关，促进开花结荚。

一是矮生菜豆追肥应早，蔓生菜豆追肥从中后期开始（图2-44）。矮生菜豆（图2-45）由于发育早，生育期短，从开花盛期即进入养分旺盛吸收期，应在结荚前早施追肥。蔓生菜豆要到幼荚开始伸长时才大量吸收养分，应从生育中后期开始追肥。在菜豆植株生长前期，根系上根瘤菌的固氮能力较弱，适量施用氮肥可促进植株早发秧。如植株长势旺盛，应控制施用氮肥，以防植株营养生长过旺而引起落花落荚和延迟结荚。

图2-44　菜豆应加强追肥管理，促进开花结荚

图2-45　矮生菜豆及时追肥，促进开花结荚

二是追肥并结合叶面喷施提高结荚率。菜豆开花结荚以后可将氮、磷、钾等肥料适量配合追施（以腐熟的人、畜粪水较好，每次每亩施500～700千克），两次清水一次肥水。除了根部施肥外，还可用0.2%的磷酸二氢钾叶面喷施。在菜豆花期选用萘乙酸5～20微升/升，或对氯苯氧乙酸2微升/升，或吲哚乙酸15微升/升，喷洒在花序上，可减少落花，提高结荚率。

84. 菜豆开花结荚期科学补硼、钼可防落花落荚

问: 肥也追了，硼肥也施了，但开花坐荚少，落花落荚严重，是怎么回事？

答：菜豆落花落荚一直是阻碍菜豆高产的一个难题，而缺硼缺钼也是导致菜豆落花落荚的主要原因之一。菜豆缺硼，豆荚种子粒少，严重时缺粒（图2-46）。补硼、补钼能提高菜豆的开花坐荚率，但多数菜农都把补硼、补钼安排在了花期，这是不科学的。

实践证明，花期补硼、补钼并不能达到理想的效果。硼缺乏会严重影响花芽分化，但花芽分化从菜豆幼苗期就开始了，在花期喷硼肥和钼肥后并不能改变菜豆前期缺硼、缺钼造成的花芽分化差的问题。而且花期喷硼肥和钼肥时，肥液容易把花柱头喷湿，会直接影响菜豆授粉，更容易导致落花落荚。

图2-46　菜豆开花结荚期注意补硼，防止缺粒少粒

菜豆补硼补钼正确的方法是：从菜豆定植缓苗后就应该开始补硼，以满足前期花芽分化需要，增加花粉数量，促进花粉粒萌发和花粉管生长，使菜豆开花坐荚率明显提高。为了从根本上解决缺硼缺钼问题，应该在底肥中补充硼肥和钼肥，每亩可施硼砂2千克，而钼肥每亩用3克左右即可，所以多叶面喷施。作追肥时，可在缓苗后喷施硼砂600倍液或速乐硼1200～1500倍液，每隔15天喷一次，连续2～3次，效果较好。钼肥可用钼酸铵2500倍液喷雾。另外，土壤过于干旱会导致植株根系吸肥能力受阻，所以在菜豆生长期要注意及时浇水，保持土壤湿润。

85. 菜豆生产要防止缺镁导致的黄化斑叶

问：（现场）快帮我看看，菜豆为什么叶片发黄、不长呢？

答：从现场调查的情况来看，这应该是菜豆缺镁症状（图2-47）。下部叶叶脉间先出现斑点状黄化，继而扩展到全叶变黄，后除了叶脉、叶缘残留点绿色外，叶脉间均黄白化（图2-48），严重时叶片过早脱落。

图2-47 菜豆缺镁田间表现   图2-48 菜豆缺镁叶片

菜豆缺镁易发生的条件是低温，在地温低于15℃时会影响根系对镁的吸收。土壤中镁含量虽然多，但由于施钾多影响了菜豆对镁的吸收。一次性大量施用铵态氮肥也容易造成缺镁。当菜豆植株对镁的需要量大而根不能满足其需要时也会发生缺镁。菜豆缺镁，在生产中往往并不是土壤缺镁，而是植株根系吸收镁困难，比如本案主要是由土壤盐渍化重导致的，整块田表现为普遍缺镁。

因此，针对菜豆缺镁的可能原因，应提高地温（在结荚盛期保持地温15℃以上），多施有机肥。土壤中镁不足时，要补充镁肥。避免一次施用过量的钾、氮等肥料，防止土壤盐渍化，镁肥最好与钾肥、磷肥混合施用。对于植株表现缺镁的，可喷洒0.5%～1.0%的硫酸镁溶液，5～7天喷一次，连喷2～3次。

86. 菜豆开花坐荚期要注意叶面喷施钙肥、硼肥

问： 菜豆叶片卷曲，叶尖和叶缘向内坏死，对生产有何影响？

答： 这是一种缺钙现象（图2-49、图2-50）。菜豆缺钙时，表现为植株矮小，未老先衰，茎端营养生长缓慢；侧根尖部死亡，呈瘤状凸起。上部叶片近叶柄处坏死，叶脉间淡绿色或黄色，幼叶卷曲，叶缘变黄失绿后从叶尖和叶缘向内死亡。中下部叶下垂，叶缘出现黄色或褐色斑块，叶片呈降落伞状，幼荚生长受阻。植株顶端发黑甚至死亡。仔细观察生长点附近的叶片黄化状况，如果叶脉不黄化，呈花叶状则可能是病毒病；生长点附近萎缩，可能是缺硼，但缺硼突然出现萎缩症

图2-49　菜豆叶片缺钙叶缘坏死　　图2-50　菜豆叶片缺钙叶缘卷曲

状的情况少，而且缺硼时叶片扭曲。

　　菜豆缺钙在施氮肥或钾肥过多、土壤干燥、空气湿度低、连续高温时，容易出现。这种情况易与病毒病和缺硼症相混。

　　在生产上，应多施有机肥，使钙处于容易被吸收的状态。土壤缺钙，就要充足供应钙肥。如补施过磷酸钙、重过磷酸钙、钙镁磷肥和钢渣磷肥等。要避免一次用大量钾肥和氮肥。实行深耕，多灌水。应急时，可叶面喷洒 0.1% ~ 0.3% 的氯化钙水溶液，每 5 ~ 7 天喷 1 次，连喷 2 ~ 3 次。开花前期补施钙肥时，建议同时补硼，对花芽分化有好处，如每亩用硼砂 150 ~ 200 克或硼酸 50 ~ 100 克，兑水 50 ~ 60 升叶面喷施。一般在菜豆苗期、始荚期各喷施 1 次。

87.大棚菜豆要加强田间管理防止落叶

　　问：菜豆不缺肥，也没看见什么病虫害，却落了不少的叶片，请问这是怎么回事？

　　答：这是由控水过重、棚温过高等原因导致的生理落叶现象。叶柄与茎秆连接部位形成离层，植株水分、营养供应不足，导致茎秆老化，植株体内形成脱落酸，从而造成落叶。

　　种植豆类的菜农怕植株长势过旺而影响坐荚，开花前期和开花期控水控肥，较轻的会导致落花落果，严重的叶片发生脱落。菜豆不喜高温，若大棚内温度连续多天超过 28℃ 以上，立即放风，加之土壤过于干旱，将造成叶片脱落（图2-51）。

　　因此，防止菜豆落叶，要从合理控水、调控棚温和合理控旺三个方面着手。

一是开花前期合理浇水。适当的控水有助于菜豆开花坐果，这段时期应注意小水勤浇，避免大水漫灌。另外，底肥施足的情况下，减少氮肥的施用，前期主要以施用甲壳素等促进生根的肥料为主。

二是调控棚温。注意大棚内温度，白天温度保持在 25℃，夜晚温度控制在 15℃。

三是合理控旺。当菜豆长到 1.5 米左右时，可以叶面喷施助壮素 750 倍液或矮壮素 1500 倍液。及时对其进行打头处理，也可避免菜豆旺长。

88. 促进大棚菜豆坐荚有办法

问： 大棚早春栽培菜豆，常常出现徒长或温度过高导致开花坐荚少，请问如何调控？

答： 大棚早春栽培菜豆要使开花坐荚多（图 2-52），提质增效，主要应搞好养根盘蔓以及变温促坐荚。可从如下几个方面着手。

图2-51　菜豆落叶　　　　　图2-52　促进大棚菜豆开花坐荚要加强管理

一是提早养根。育苗期用 963 养根素等营养型生根剂喷施 2 次。定植后结合浇缓苗水每亩用 963 养根素 1000 毫升冲施 1 次。生长期若是在冬季可间隔 1 水冲施 1 次 963 养根素，其他季节可每隔半月冲施 1 次，每次每亩 1000 毫升，盛荚期每次每亩冲施 2000 毫升。冲施养根素养根可结合追肥进行。

二是适时盘蔓。当植株的生长点长到近棚顶时，其侧枝萌发较多，并且已经进入开花结荚期，植株顶端优势虽然受到抑制，但在棚顶上部形成郁闭，会影响菜豆荚果的见光，这时可将菜豆的生长点向下盘蔓，使植株呈柱状，从而增强其开花坐荚能力。这样操作，一棵植株的坐荚数量可以达到 40 个左右，并且坐荚率也很高。

三是适时掐尖。菜豆从第三组叶片形成后，节间明显拉长，藤蔓生长速度加快。从第三组叶片现形后开始陆续掐尖，可以控制主蔓的徒长，促进下部侧枝的萌发。当侧枝第二组叶片形成后再掐尖，促发第三次分枝，为高产打下基础。

四是变温促坐荚。缓苗后控温蹲苗。定植缓苗后，应加大通风，将温度控制得低一些，可控制白天温度在 20℃，夜温在 15℃左右。秧苗锻炼 20～25 天，可使节间变短，叶片增加，花穗数增加。多一片叶，就多个花序。

开花前提温促秧，但幅度不可过高。蹲苗后，应在培育好壮苗的前提下，适时提温，将白天棚室温度控制在 20～22℃之间。

花期控温，荚后提温。花期温度管理非常重要，生产中要控制棚温白天在 20～24℃，不能超过 24℃，以防止温度过高造成菜豆花芽分化不良而落花。豆荚坐住，长至 3～5 厘米长时，再次提温促荚生长，白天可提高棚温至 24～28℃。当然，还要做好棚内空气湿度和土壤湿度的控制，花期只要土壤不过于干旱一般不要浇水。

89.大棚菜豆使用植物生长调节剂控旺要趁早进行

问：大棚菜豆水也控了，助壮素也喷了，可就是开花坐荚少，是怎么回事？

答：控迟了，旺了棵子不坐荚。大棚菜豆最怕的就是植株徒长不坐荚。由于棚内温暖湿润的环境，适宜菜豆茎蔓的生长，很容易造成菜豆植株徒长、结荚少。而大多农户不注意菜豆前期长势的调节，等到开花结荚期，菜豆坐不住荚时，便被动地利用浇小水甚至不浇水的控水方法来缓和菜豆植株长势，促进坐荚。然而，过度控水，同样不利于菜豆的开花坐荚。即使这一茬荚坐住了，但弯荚、独粒荚等畸形荚数量增多。为此，在菜豆生长前期就要使用助壮素控棵（图 2-53）。

大棚菜豆从第三组叶片形成后，节间明显拉长，藤蔓生长速度加快，应根据这一特点，来确定激素的使用时间。若不从这时开始控制植株长势，则往往2米高的主茎蔓只有真叶5~6片，功能叶片少，坐荚数量肯定少。若此时使用助壮素等植物生长调节剂进行调节，则一般2米高的主茎蔓可有6~8片真叶。而大棚菜豆大多是每隔一片叶一个花穗，使用调节剂控制后可多坐1~2穗荚。

图2-53 菜豆用生长调节剂控旺要趁早

在第三组叶片形成，株高大约30厘米时，喷洒一次助壮素800倍液；在株高70厘米时，喷洒第二次助壮素800倍液，以调节茎蔓的生长。在株高200厘米，茎蔓爬满架时，再喷一次，其浓度可增加，使用600倍液。在开花结荚期，已经发生徒长的植株，可喷洒萘乙酸30毫克/千克，促进坐荚，减少落花落荚。

90. 菜豆大棚生产要防止土壤连作障碍

问： 大棚里种菜豆越来越差了，请问如何改造，是不是要消毒？
答： 对于连作的大棚，是要"动动手术"了。

菜豆在连作条件下，由于土壤和菜豆关系相对稳定，容易产生相同病虫害。土传病害，其病原菌因获得适宜环境而大量繁殖，造成累积性危害。菜豆根系分布范围及深浅一致，吸收养分相同，造成单一土壤养分消耗量增加，致使土壤中养分分布不均，影响连作菜豆的生长。根系分泌的有害物质加重连作障碍，如菜豆连作障碍除与枯萎病有关外，根系分泌的水杨酸也是导致减产的原因。要消除连作障碍，可从以下几方面进行控制。

一是越夏休闲。大棚在越夏期间有条件实现科学、合理、有计划的休闲养地。

二是轮作。轮作可以防治或减轻病害。

三是增施有机肥（图2-54）。增施有机肥，可改善土壤结构，增强土壤保肥、保水、供肥、透气、调温功能，增加土壤有机质、氮、磷、钾及微量元素含量，提高土壤肥力效能和土壤蓄肥性能，减少肥料流失，增强土壤对酸碱的缓冲能力，提高难溶性磷酸盐和微量元素的有效性，还可消除农药残毒和重金属污染，促进光合作用，提高产品品质。

图2-54　大棚内施用有机肥改良土壤

四是合理施用氮磷钾，实行科学用肥。氮肥用量过高，土壤可溶性盐和硝酸盐明显增加，病虫危害加重，产量降低，产品品质变劣。因此，在增施有机肥的基础上，应合理施用氮磷钾。提倡测土配方施肥，根据菜豆需肥规律及土壤供肥能力，确定肥料种类及数量，尽量减少土壤障碍。

五是设施及土壤消毒。设施消毒可采用高温闷棚的方法，土壤消毒可采用高压蒸汽、药液喷施或药剂撒施的方法，空间处理可采用烟雾法或粉尘法。设施消毒后，各通风口一定要罩好防虫网。

只要严格按照以上的程序操作，一般不会出现影响菜豆生长和影响产品质量的问题。一旦出现连作障碍，应及时查明原因，采取相应措施消除。

91. 菜豆定植缓苗后要防止因过度控水导致的养分供应不足

问： 菜豆没有出现徒长，但为何开花少呢？

答： 这是控水过度导致的养分供应不良，使菜豆植株整株衰弱，以致花量稀少，花质量差。在生产上，许多菜农认为花少或落花现象与植株徒长有关，因而在开花前严格控水，有的甚至近一个月都不敢浇水，生怕植株旺长。但从菜豆的整体表现来看，植株缺乏营养是造成花芽分化不良的直接原因，并不是徒长引发的，而是控水过度导致的。若供水不及时，即使土壤中存在各类营养，也无法被植物根系吸收，极易引发营养缺乏。有的因为过度控水造成根系发育不良，在连续阴雨转晴后，植株出现了大量的萎蔫现象。

因此，在菜豆生产上不能过度控水（图2-55）。一般在定植后至植株0.8~1米时，植株营养需求量不大，可通过适当控水控旺，一般来说控水时间约1~20天，并且要根据土质情况决定，若是黏性土，控水的时间稍长，若是沙性土则要缩短时间，否则会发生大面积的缺水萎蔫。

当植株生长到1米以后，就要及时浇水，若是基肥用量较少，则浇水时间要缩短，而且要及时追肥，可以在第三水的时候冲施大量元素水溶肥，再加微生物菌剂用于养根，还可加黑豆蛋白用于补充土壤有机质。在浇水冲肥的时候要及时补足硼钙肥等叶面肥。喷施氨基酸加磷酸二氢钾叶面肥，可以提高花量。如可用50毫升糖木酵素混50~80克磷酸二氢钾，连续喷施2次以上。

92.大棚菜豆初花水当浇则浇

问： 菜豆有"干花湿荚"一说，是不是指开花前不能浇水呢？

答： 这是总的原则，即不在菜豆花期浇水，在豆荚坐住后方可浇水。这主要是由于菜豆初花期浇水，土壤和空气湿度过大，会影响花粉发芽，过多的水分还会降低雌蕊柱头上黏液的浓度，使雌蕊不能正常授粉而落花落荚，降低产量。

但不代表开花坐荚前不能浇水。菜豆花粉形成期，若土壤干旱，空气湿度过低，同样会导致花粉发育不良，使花和豆荚数减少。因此，初花水当浇还是要浇（图2-56），特别是在土壤过于干旱时更要注意浇水。只是在浇水方法和浇水量上控制一下即可。

图2-55 菜豆要适时浇水，不宜控水过度　图2-56 菜豆初花水当浇则浇

一是可采用"膜下轻浇小水"的方法，补充植株和花芽生长发育所需的水分。二是可采用"先补后浇"的方法。即先采用叶面喷肥的方法，确保花和豆荚生长所需要的水分和养分，待豆荚坐住再浇水施肥，促进豆荚发育。

93.防止大棚菜豆秕荚要严控棚温、适度摘叶

问：菜豆荚看起来没有籽是什么原因造成的，如何解决？

答：这种荚与授粉坐荚时期天气情况和过度摘叶有关。一是下半夜温度过高。温度过高，尤其是下半夜温度过高，就会使叶片光合产物消耗过大，导致营养消耗过大，菜豆果实发育不完全，出现秕荚（图2-57）。二是光照不足。阴雾天气较多，棚内光照不足。有些大棚膜上的灰尘特别多，本来光照就少，棚膜再不干净，光合作用会大大减弱，光合产物积累偏少，不能正常供应菜豆生长需要。三是一次性摘叶过度。为了防治黄叶感染病害，一味地摘除叶片，有些直接把中上部叶片都给摘除了，导致叶片不足。

图2-57 菜豆秕荚

因此，大棚菜豆在生产上要严控棚内温度，拉大昼夜温差。菜豆授粉的温度范围较窄，一般白天温度控制在23～25℃，不能超过25℃，夜间温度控制在13～14℃，以促进花芽分化正常，保证菜豆正常坐荚。

及时将菜豆下部老叶去除，擦净棚膜，以改善光照条件，使光合作用正常进行。

摘除病叶、老叶可以防病，但摘叶要适度。顶部新叶尚未发育完全，叶片制造营养的能力较低，而且新叶生长需要大量营养，需要其他叶片供应。中上部叶片发育完全，光合效率高，制造的营养供应菜豆果荚、根系和新叶生长，是叶片光合作用的主力，不可轻易摘除。一般来说，摘叶时间在一批果荚完全采收之后为宜，但仅可摘除下部老叶、病叶。

94.防止大棚菜豆弯荚要加强肥水和温度管理

问： 结出来的菜豆不直，有不少是弯的，商品性不佳（图2-58），请问生产上要注意些什么？

答： 这是一种生理性病害，与植株的长势有关。一般植株长势过旺，营养生长过盛，生殖生长不足，豆荚生长所需的养分不均衡，易出现弯荚现象。防止弯荚，要加强肥水和温度的管理。

图2-58 菜豆弯荚现象

一是配方施肥。不宜过多施用氮肥，可多施有机肥、高钾复合肥，以及生物肥和腐植酸类肥料等，以保证营养均衡。温度高，容易造成蔬菜的营养生长过盛，而使生殖生长不足。尤其是某些蔬菜，尚处于苗期，如果植株的长势过快，植株拔节过快过长，营养生长过盛，对后段时间的花芽分化不利，对开花和坐果都有影响，严重时会大大降低蔬菜的后期产量。

二是适当控温。大棚菜豆开花结荚期，白天温度一般在30℃以下，温度过高容易出现落花；夜间温度尤其不宜过高；早上温度要控制在15℃左右，否则植株易出现旺长，从而影响其坐荚率。

三是小水勤浇。盛花期不宜浇大水，浇大水会出现落花、落荚现象，对菜豆的生长不利。

95.菜豆采收有讲究

问： 菜豆采早了产量低，采迟了就老了，请问市场上对菜豆的采收有何要求？

答： 菜豆要讲究其适宜的采收时机。菜豆的适宜采收期是落花后10～15天，此时嫩荚单荚重，产量高，品质好。气温较低，于落花后15～20天采收；气温高，则于落花后10天左右采收。当豆荚由扁变圆、颜色由绿转为淡绿、外表有光泽、种子略为显露或尚未显露时即应采收（图2-59）。豆荚的食用成熟度，还可根据豆荚的发育状况、主要化学成分的变化及荚壁的粗硬程度来判断。落花后5～10天豆荚便

图2-59　采收期的蔓生菜豆

明显伸长。作嫩荚食用的，在花谢后10天左右采收；作脱水和罐藏加工用的，产品规格要求严格，在花谢后5～6天采收；作种用的在花后20～30天完成种子的发育后采收。此外，豆荚中的纤维除缝线处的维管束外，还存在于果皮的内层组织中，最初为1层细胞所组成的薄壁组织，其后随着细胞的层数增加，纤维增多，使荚壁变得粗硬，所以供食用的嫩荚，宜在豆荚已基本长大、荚壁未硬化时采收。

一般矮生菜豆从播种到始收，春播50～60天，秋播40天，采收期约15天，可连续采收15～20天或以上。蔓生菜豆春播自播种至始收60～90天，秋播40～50天，采收期30～45天或更长。

菜豆采收最好在早上或傍晚进行。早上采收的豆荚含水量大、光泽好，早上温度低，水分蒸发量小，有助于减少上市或长途运输过程中的水分消耗；中午或温度高时采收果实含水量低，品质差；傍晚采收豆荚品质好，枝叶韧性强，采收时不易伤害植株。保护地栽培时阴雨天和浇水后也不宜采收，因为此时设施内湿度大，甚至果面结露，有利于病菌的侵染和繁殖，采后果实在贮藏和运输过程中易发生病害。

菜豆采收时除要考虑上述因素外，还必须符合一定的感官要求。菜豆感官质量要求果荚端正、无裂口、鲜嫩、无萎蔫；颜色正常、有光泽，种皮未变硬；无腐烂，无病虫害、冷害、冻害和机械伤。

96. 菜豆分级有标准

问： 菜豆上市有没有标准？

答： 这个是有的。蔬菜分级俗称分等，是指同一品种的蔬菜产品，依据其内在与外观的质量以及不同的用途，按不同的等级标准分开。由于蔬菜在生长发育过程中受到外界多种因素的影响，同一菜园或同一植株上的产品，其质量可能存在较大差异，而从不同地域收购来的产品更存在品种混杂、大小不一、参差不齐的现象。通过分级，可使产品大小整齐、色泽相同、品质一致、形状相近、优劣分明，达到国家规定的商品质量标准；通过分级，淘汰有病虫害和机械损伤的产品，可以减轻病虫害的传播，减少贮藏中的损失；通过分级，有利于产品包装标准化和贮运，并可按质定价，优质优价，提高产品在市场中的竞争力。

　　菜豆分级按照《菜豆等级规格》（NY/T 1062—2006）的规定执行。在 NY/T 1062—2006 中给出了对菜豆的基本要求。根据对每个等级的规定和允许误差，菜豆应符合下列基本条件（图2-60）：同一品种或相似品种；完好，无腐烂、无变质；清洁，不含任何可见杂物；外观新鲜；无异常的外来水；无异味；无虫及无病虫害导致的损伤。

图2-60　菜豆分级

　　在该标准中将菜豆按豆荚的外观品质划分成 3 个等级，分别为特级、一级和二级。具体要求应符合表2-1的规定。

表2-1　菜豆等级规格

等级	要求
特级	豆荚鲜嫩、无筋、易折断，长短均匀，色泽新鲜，较直；成熟适度，无机械伤、果柄缺失及锈斑等表面缺陷
一级	豆荚比较鲜嫩，基本无筋；长短基本均匀，色泽比较新鲜，允许有轻微的弯曲；成熟适度，无果柄缺失；允许有轻微的机械伤、锈斑等表面缺陷
二级	豆荚比较鲜嫩，允许有少许筋；允许有轻度机械伤，有果柄缺失及锈斑等表面缺陷，但不影响外观及贮藏性

　　在菜豆的分级中，允许有一定范围的误差。按其质量计为：特级菜豆允许有 5% 的产品不符合该等级规定的要求，但应符合一级的要求；一级菜豆允许有 10% 的产品不符合该等级规定要求，但应符合二级的

要求；二级菜豆允许有 10% 的产品不符合该等级规定要求，但应符合基本要求。

在 NY/T 1062—2006 中，还规定了菜豆的规格标准。以菜豆的长度作为划分规格的指标，分为大（大于 20 厘米）、中（15 ~ 20 厘米）、小（小于 15 厘米）3 个规格。同时规定，特级品允许有 5% 的产品不符合该规格要求；一级品、二级品允许有 10% 的产品不符合该规格要求。

97. 菜豆长途运输要搞好预冷和包装

问：菜豆收上来后，若未及时销售往往容易老，请问有什么办法么？

答：菜豆收获后，一般就近上市，若不能及时销售或需长途运输时，需要做一些预冷、包装等处理。

一是预冷。采收后的菜豆要及时预冷，并进行防腐保鲜处理。一般在产地采用自然通风预冷即可。

长途运输或贮藏的产品需采用其他预冷方式。强制通风预冷或差压预冷是在冷库内用高速强制流动的空气，强制通过容器的气眼或堆码间有意留出的孔隙，迅速带走菜豆中的热量；冷库预冷是将新鲜菜豆直接放入贮藏冷库中预冷（图 2-61），但预冷速度较慢；真空预冷是利用水在减压下的快速蒸发，吸收菜豆中的热量使其迅速降温，效率较高，但成本太高，且需一边预冷一边补充蔬菜中的水分。

无论采用哪种方法，经预冷后，应迅速将菜豆品温降至（9±1）℃，并选用杀菌效果好的防腐保鲜剂（如仲丁胺等）对产品进行 24 小时密闭熏蒸，以利于贮藏和运输。

二是包装。包装和分级一般同时进行。包装材料应牢固，内外壁平整，疏木箱缝宽适当、均匀。包装容器保持干燥、清洁、无污染，并具一定的透水性和透气性。

销售中的小包装一般采用塑料薄膜或保鲜膜（图 2-62），运输或贮藏用的大包装有麻袋、网袋、瓦楞纸箱、塑料箱、竹筐等。竹筐比较牢固，不怕湿，价格也比较便宜，装筐前应在筐内衬几层报纸或牛皮纸，以免筐壁磨损豆荚。纸箱可折叠，弹性好，可以缓冲运输途中受到的冲击力，同时便于机械装卸和印刷商标，但怕水、怕湿。塑料编织袋价格低廉，来源方便，又有较好的透气性，适于包装小型荚。每批报验的菜豆其包装规格、单位净含量应一致。包装上的标志和标签

图2-61 菜豆预冷　　　　　　　图2-62 超市菜豆嫩荚小包装

应标明产品名称、生产者、产地、净含量和采收日期等，字迹应清晰、完整、准确。

三是不能及时销售的可短期贮藏。可采用冷库贮藏、土窖或通风窖贮藏、水窖贮藏以及速冻贮藏等。贮藏前对菜豆用克霉灵按每千克菜豆1毫升的剂量熏蒸可减轻锈斑的发生。

菜豆冷库贮藏容易失水萎蔫，可采用规格30厘米×40厘米，厚度为0.03毫米厚的聚乙烯塑料薄膜小袋包装，每袋装约1千克，折口装入塑料筐或码到菜架上，码放不能太紧，每层菜架只能码放1～2层。也可在塑料筐或木板箱内衬垫塑料薄膜，薄膜要足够长，能将菜豆完全盖住，每筐（箱）装八成满，内衬塑料薄膜上应打20～30个直径为5毫米的小孔，小孔均匀分布在四壁和底部。为防止二氧化碳积累过多，可在筐内四角放入适量用纸包成小包的消石灰。菜筐码放要与四壁、地面、库顶留有空隙，库温控制在（9±1）℃，高于10℃，豆荚易老化，贮期缩短，低于8℃易发生冷害。

每隔4～5天检查一次，贮藏后期增加检查次数，发现有腐烂、锈斑、膨粒现象后及时处理，挑选后销售。经常使用氧、二氧化碳分析仪测定袋内气体浓度，氧气浓度控制在2%～5%，二氧化碳浓度低于5%。

四是及时运销。运输时，无论用什么运输工具，均应及时、迅速地运送，运输中达到保鲜的质量标准，要经济实惠，并保持相对湿度在90%以上。短途运输要严防日晒、雨淋。长途运输要考虑在寒冬盖草苫、棉被、帐篷等，保持温度在8～10℃，使其不受冻害；炎夏应在常规运输车或包装箱内放置冰瓶或冰袋，或用冷藏车，保持温度在10℃以下，防止温度过高造成腐烂损失。为防止冰瓶或冰袋接触菜豆造成冷害，应将冰瓶或冰袋用双层报纸包裹起来。运输中最好的办法是快装快运。运输工具要清洁卫生、无污染、无杂物。

　　货架保鲜，可将菜豆用微孔膜和塑料托盘以小包装形式进行包装，塑料袋和黏着膜上可打几个直径为 5 ～ 8 毫米的孔，以利于换气。高档菜豆的销售，一般需在有冷藏设备、恒温设备的超级市场里进行销售，以使高档菜豆产品处在低温条件下贮藏，可保证其销售质量。

第三节　菜豆主要病虫害问题

98. 大棚菜豆谨防灰霉病毁棚

　　问：大棚菜豆是不是得了灰霉病？喷了好多药都没能控制住，有什么好办法吗？

　　答：这是菜豆灰霉病，既然识得这个病，就要知道该病的危害性，及时及早防控，否则扩散开来，损失很大。该病是菜豆的一种常见病害，多在大棚中发生（图2-63）。高湿时，菜豆茎、叶、花及荚均可染病，苗期和成株期均可被害。

　　叶片上发病，往往是发病的花落到叶片上，引起发病。一般从叶尖开始向内发展，呈"V"字形斑（图2-64），病斑较大，湿腐，有轮纹斑（图2-65），开始呈水渍状、淡褐色，湿度大时，病斑表面生有灰色霉层，后期易破裂。

　　败落的花被侵染后，扩展到荚果，使病荚表面生有灰色的霉层（图2-66）。

图2-63　菜豆灰霉病大棚内发病状　　　图2-64　菜豆灰霉病"V"字形病斑

图2-65　菜豆灰霉病叶片上的轮纹斑　图2-66　菜豆豆荚感染灰霉病

　　病原菌通过病残体、水流、气流、农具及衣物传播。腐烂的病果、病叶、病卷须、败落的病花落在健部即可引起发病，因此传播速度快，再加上大棚里若喷药，又增加了湿度，所以防治效果不好。此外，灰霉病对药剂容易产生抗药性。因此，一旦发现灰霉病为害，要采取综合的防控措施。

　　一是搞好棚室的管理。大棚栽培菜豆，早上要先放风排湿，然后上午闭棚，增室温，下午放风透光降湿，把湿度降到75%以下，防止叶面结露。浇水时，应选晴天早上浇，浇前可先喷药保护，浇完水后闭棚室，待温度提到35℃左右，然后放风排湿，晚上还要放风降湿。防止浇水后湿度过大，造成病害大发生或流行。发现病株、病叶、病荚，及时摘除。

　　二是烟熏或喷粉。大棚栽培，发病初期，可用10%腐霉利烟剂或3.3%噻菌灵烟剂，每亩每次250克，傍晚进行，分放4～5点，用火点燃冒烟后，密闭烟熏，直至次日早晨开棚进入，一般每7天熏1次，连熏3～4次。或选用6.5%硫菌·霉威粉尘剂，或5%百菌清粉尘剂，或5%福·异菌粉尘剂，每亩每次喷1千克，早上或傍晚关闭棚室时喷撒，一般每7天喷1次，连喷3～4次。

　　三是药剂防治。在有机生产上，可在发病前或病害刚刚发生时，用1亿活孢子/克木霉菌水分散粒剂600～800倍液喷雾，每隔7～10天喷1次，连喷2～3次，加入一定量的麸皮可作稀释营养剂。

　　无公害或绿色生产，在发病初期，可选用50%腐霉利可湿性粉剂1000～1500倍液，或72%霜脲·锰锌可湿性粉剂1000倍液，或50%乙烯菌核利可湿性粉剂1000～1500倍液，或50%异菌脲可湿性粉剂1000～1200倍液，或30%噁霉灵水剂1000倍液，或65%硫菌·霉威可湿性粉剂600～800倍液，或50%福·异菌可湿性粉剂 600 ~ 800 倍液，或 50% 多·霉威可湿性粉剂 600 ~ 800 倍液，或 50% 烟酰胺水分散粒剂 1500 ~ 2500 倍液，或 45% 噻菌灵悬浮剂 600 倍液，或 50% 乙霉·多菌灵可湿性粉剂 900 倍液，或 40% 嘧霉胺悬浮剂 1000 倍液，或 50% 咯菌腈可湿性粉剂 5000 倍液，或 50% 嘧菌环胺水分散粒剂 800 倍液，或 25% 啶菌噁唑乳油 700 ~ 1200 倍液，或 40% 木霉素可湿性粉剂 600 ~ 800 倍液等喷雾防治，隔 7 天喷 1 次，连喷 3 ~ 4 次。喷药要选晴天进行，重点喷花和豆荚，农药要交替使用。采收前 3 天停止用药。

99. 菜豆开花坐荚期要早防枯萎病

问： 菜豆开花结荚后一株株的叶片萎蔫发黄（图2-67），然后就一株株逐渐死了，传播得快，请问怎么办？

图2-67 菜豆枯萎病，叶尖、叶缘出现不规则形褪绿斑块，似开水烫伤状

答： 从图片看，结合平时的发病规律，这应是菜豆枯萎病，该病又称萎蔫病、死秧，是菜豆生产上常见的病害。枯萎病是土传病害，一旦发生，通过雨水等传播就快。该病多在初花期开始发病，结荚盛期植株大量枯死，如果病地连作，土壤中的病菌越积越多，为害越来越严重。

叶片发病时，下部嫩叶最先萎蔫变褐，叶片的叶尖、叶缘出现不规则形褪绿斑块，似开水烫伤状，无光泽，后全叶失绿萎蔫（图2-68），变成黄色至黄褐色，并由下叶向上叶发展，3 ~ 5 天后整株凋萎，叶片变黄脱落。有的仅少数分枝枯萎，其余分枝仍正常。病株根系不发达，根部皮层变褐腐烂，新根少或者没有，容易拔起，潮湿时茎基部常产生粉红色霉状物（图2-69）。春菜豆常在 5 月中下旬开花结荚期开始发生，6 月上中旬为发病高峰。

图2-68 菜豆枯萎病，叶片褪绿枯萎似开水烫伤

图2-69 菜豆枯萎病，潮湿时茎基部常产生粉红色霉状物

重病区最好与非豆科蔬菜轮作3～5年。大棚栽培的应利用"三夏"高温期进行土壤消毒，先清洁田园，拉秧后将病残体、病根等一并清除出田外烧毁，每亩施石灰50～100千克，使土壤变为碱性土，施碎稻草（切碎）500千克，均匀施在地表上，深翻土壤60～66厘米，起高垄30～33厘米，然后灌水，使沟里的水呈饱和状态，渗下去后继续灌水，早上、下午、傍晚都浇水，使沟里在处理期间始终保持有水。然后铺盖地膜，密闭棚室10～15天。

田间发现有个别病株时，马上灌药液防治。有机生产，可选用70%琥胶肥酸铜可湿性粉剂500倍液灌根。每株灌250毫升，隔7～10天再灌1次。关键是要早防早治，否则效果差。采收前3天停止施药。

无公害和绿色生产，可选用50%甲基硫菌灵悬浮剂500倍液，或50%多菌灵可湿性粉剂500倍液，或25%萎锈灵可湿性粉剂1000倍液，或96%噁霉灵粉剂3000倍液，或50%咪鲜胺锰盐可湿性粉剂500倍液，或43%戊唑醇悬浮剂3000倍液，或60%唑醚·代森联可分散粒剂1500倍液，或10%苯醚甲环唑可分散粒剂1500倍液，或54.5%噁霉·福可湿性粉剂700倍液，或30%福·嘧霉可湿性粉剂800倍液，或5%水杨菌胺可湿性粉剂300～500倍液，或70%福·甲·硫黄可湿性粉剂800～1000倍液，或4%嘧啶核苷类抗生素水剂600～800倍液，或0.5%氨基寡糖素水剂500倍液，或12.5%治萎灵水剂200～300倍液等灌根。每株灌250毫升，7～10天再灌一次。关键是要早防早治，否则效果差。采收前3d停止施药。

也可采用配方药50%福美双可湿性粉剂500～600倍液+70%

甲基硫菌灵可湿性粉剂 800 ~ 1000 倍液，或 20% 甲基立枯磷乳油 800 ~ 1000 倍液 +75% 敌磺钠可溶性粉剂 600 ~ 800 倍液，或 50% 苯菌灵可湿性粉剂 800 ~ 1000 倍液 +50% 福美双可湿性粉剂 500 ~ 800 倍液，或 70% 甲基硫菌灵可湿性粉剂 600 ~ 800 倍液 +60% 敌菌灵可湿性粉剂 600 ~ 800 倍液等灌根防治。

100. 夏季高温谨防菜豆锈病暴发成灾

问： 菜豆叶片上有许多的锈斑，发展扩散很快，叶片衰败快，影响后期开花结荚，请问有何好药？

答： 这是菜豆锈病，由于阴雨天气较多，不少蔬菜出现了一些病害，菜豆锈病就是与天气有一定联系的病害之一。该病是菜豆生长中后期的常见病害（图 2-70），主要侵染叶片，严重时亦为害叶柄和豆荚，严重影响菜豆的产量和品质。该病为气传病害，所以传播特别快，也较难防控。在地势低洼、排水不良、栽培密度过大、氮肥施用过多等条件下发病重。露地栽培遇到阴雨时常会大面积发病。

叶片被害时，初生很小的黄绿色或灰白色斑点，直径 0.5 ~ 2.5 毫米，后中央稍凸起，逐渐扩大，形成圆形黄褐色疱斑（夏孢子堆），周围具有黄色晕环（图 2-71）。病斑表皮破裂后，散出铁锈色粉状物（即夏孢子，为典型识别症状）。到了后期，夏孢子堆发展为黑色的冬孢子堆，或者在叶片上另外长出黑色的冬孢子堆，表皮破裂后，散出黑色粉末（即冬孢子）。严重时，整张叶片可布满锈褐色病斑，引起叶片干枯脱落。豆荚染病后，产生暗褐色突出表皮的疱斑，表皮破裂散发出锈褐色粉状物，失去食用价值。最适感病期为开花结荚到采收中后期。在长

图2-70 菜豆锈病田间发病状

图2-71 菜豆锈病叶片正面病斑

江中下游地区发病盛期在 5 ~ 10 月。

生产上，由于菜豆锈病发病的概率大，要根据常年的发病规律，在发病前或发病初期及时用药控制，否则再好的药也是徒然。有机生产，可在病害刚刚发生时，选用 50% 硫黄悬浮剂 300 倍液喷雾防治，隔 5 天喷 1 次，连喷 3 ~ 4 次。

无公害或绿色生产，可选用 430 克 / 升戊唑醇悬浮剂 4000 ~ 6000 倍液，或 15% 三唑酮可湿性粉剂 1000 ~ 1200 倍液，或 21% 硅唑·多菌灵悬浮剂 3000 倍液，或 30% 苯甲·丙环唑乳油 2000 倍液，或 10% 苯醚甲环唑水分散粒剂 500 ~ 800 倍液，或 20% 唑菌胺酯水分散粒剂 1000 ~ 2000 倍液，或 40% 氟硅唑乳油 6000 倍液，或 40% 多·硫悬浮剂 400 ~ 500 倍液，或 2% 武夷菌素水剂 150 ~ 200 倍液，或 25% 丙环唑乳油 3000 倍液，或 12.5% 烯唑醇可湿性粉剂 4000 倍液，或 40% 敌唑酮可湿性粉剂 4000 倍液等喷雾防治，隔 7 ~ 10 天喷 1 次，连喷 2 ~ 3 次。

101. 夏季高温高湿菜豆谨防白绢病

问：（现场）这菜豆只结了一两批就死了，成本都没有收回，不知是什么原因？

答：这是菜豆白绢病（图 2-72）。（扒开根茎部）根茎部表面有许多的白色绢丝状菌丝（图 2-73），在地面呈辐射状扩展，后期菌丝纠结变成褐色或暗褐色的油菜籽状、球形的菌核（图 2-74），这是典型的识别症状。

图 2-72　菜豆白绢病田间发病惨状

图2-73　菜豆白绢病根茎处绢丝状　　图2-74　菜豆白绢病发病茎基部菜籽
菌丝　　　　　　　　　　　　　　状菌核

　　白绢病是一种土传病害，在土里长期存在，且还可为害豇豆等其他豆类作用，以及辣椒、茄子、番茄等茄果类蔬菜。生产上，若发现病株应及时拔除，并带出田外深埋或烧毁，同时，在病穴和周围地上撒上一些消石灰。以后种植蔬菜时，最好是在定植时，就开始预防，每亩用哈茨木霉菌1千克，加上干细土100千克拌匀后，均匀施在茎基部。或用5%井冈霉素水剂1000倍液灌根，每株灌500毫升。

　　药土防治。可在发病初期，在病株茎基部及其四周土壤上面撒施药土。即选用50%甲基立枯磷可湿性粉剂，或50%苯菌灵可湿性粉剂，或15%三唑酮可湿性粉剂，每亩用药1千克，加细土100千克拌匀配制成药土，效果良好。或用上述药剂进行营养钵育苗或药土穴施护苗。

　　药剂灌根。发病初期，可选用20%三唑酮乳油1500～2000倍液，或70%噁霉灵可湿性粉剂500～1000倍液，或50%混杀硫悬浮剂500倍液，或36%甲基硫菌灵悬浮剂500倍液，或20%甲基立枯磷乳油1000倍液，或75%敌磺钠可湿性粉剂500～600倍液，进行灌根和喷洒周围地面，每株灌药250～500毫升，隔8～10天再灌一次。

102. 多雨季节谨防菜豆菌核病

　　问：菜豆不经意间死了一些，仔细一看，原来是根茎基部及茎分权出了问题（图2-75～图2-77），有的可以看到一些白色棉絮状物（图2-78），请问用什么药好？

　　答：这是菜豆菌核病。该病除为害茎基部外，还为害花及豆荚，

图2-75 菜豆菌核病田间
植株发病状

图2-76 菜豆菌核病近地面基部灰白色菌丝

图2-77 菜豆菌核病第一分枝处白色菌丝

图2-78 茎蔓上棉絮状
白色菌丝团

可致荚果腐烂。早春和晚秋多雨时，易引起病害流行。一般在开花后发生，受害期较长。

因此，要提前采取措施进行预防。如最好进行轮作，重病田与粮食作物轮作3年。大棚栽培要注意通风降湿，雨后及时排水。及时摘除茎部最低处2～3片叶子，清除病株，带出田外深埋。

药土营养钵育苗并带土移栽，或穴播时药土护种（苗）。选用50%腐霉利可湿性粉剂，或50%异菌脲可湿性粉剂，或40%三唑酮·多菌灵可湿性粉剂，按1：500配成药土。

如果茎部发病，可用毛笔蘸50%腐霉利可湿性粉剂50～100倍液涂抹病斑或被害处，然后喷洒药液防治。

发病初期，可选用50%腐霉利可湿性粉剂1000～1500倍液，或50%乙烯菌核利可湿性粉剂1000～1200倍液，或40%菌核净可湿性粉剂1000～1500倍液，或500克/升氟啶胺悬浮剂1500倍液，或40%嘧霉·百菌清悬浮剂300～500倍液，或50%啶酰菌胺水分散粒剂1800倍液，或25%咪鲜胺乳油1000～1500倍液，或40%噻菌灵悬浮剂600～800倍液，或50%异菌脲可湿性粉剂1000～1500倍液，或50%多菌灵可湿性粉剂1000倍液，或70%甲基硫菌灵可湿性粉剂1500倍液等，于盛花期喷雾，每亩喷兑好的药液60升，隔7～8天喷1次，连喷3～4次。采收前3天停止用药。

该病在豆荚贮运期可通过接触传染继续发生，造成豆荚腐烂。贮运前应挑出可疑豆荚，贮运中注意通风降湿。

103. 菜豆结荚期应早防炭疽病

问：（现场）菜豆上有许多的黑疤子（图2-79），没有商品性，不知是怎么回事？

答：这是菜豆生产上的一种常见病害（图2-80），叫菜豆炭疽病，主要为害叶、茎及豆荚（图2-81、图2-82），潮湿多雨的地区为害严重，多在开花前后开始发生。因此，要有针对性地在开花前后加强预防。

图2-79 菜豆炭疽病豆荚田间发病状

图2-80 菜豆炭疽病叶尖发病

图2-81 菜豆炭疽病叶片多病斑从
叶缘发展

图2-82 菜豆炭疽病叶片发病后期

一是采用药剂灌根。每株用50%多菌灵可湿性粉剂1000倍液250～300毫升灌根，每10天灌药1次，连续灌药2～3次。

二是保护地菜豆喷粉或熏烟。可喷5%百菌清粉尘剂，或6.5%硫菌·霉威粉尘剂，每亩每次喷1千克，傍晚进行，隔7天喷1次，连喷3～4次。在播种或定植前用45%百菌清烟剂熏烟，每亩用药250克，预防效果好。

三是开花后发病初期药剂喷雾防治。有机生产，开花后发病初期，可用1.5亿活孢子/克木霉菌可湿性粉剂300倍液在发病初期喷雾，每隔5～7天喷1次，连续防治3～4次。

无公害或绿色生产，可选用80%炭疽福美可湿性粉剂700～800倍液，或70%甲基硫菌灵可湿性粉剂700～800倍液，或65%硫菌·霉威可湿性粉剂700～800倍液，或75%百菌清可湿性粉剂600倍液，或25%溴菌清可湿性粉剂500倍液，或25%咪鲜胺乳油1000倍液，或250克/升吡唑醚菌酯乳油1000～1500倍液，或10%苯醚甲环唑水分散粒剂1000～1500倍液，或30%戊唑·多菌灵悬浮剂800倍液，或55%硅唑·多菌灵可湿性粉剂1000倍液，或20%硅唑·咪鲜胺水乳剂2000～3000倍液，或30%苯噻硫氰乳油800～1000倍液，或20%苯醚·咪鲜胺微乳剂2500～3500倍液，或60%甲硫·异菌脲可湿性粉剂1000～1500倍液，或50%福美双可湿性粉剂500倍液，或20%噻菌铜悬浮剂500～600倍液，或25%嘧菌酯悬浮剂1000～2000倍液，或80%福·福锌可湿性粉剂800倍液等喷雾防治，结荚期5～7天喷1次，连喷3～4次。药剂要交替使用，采收前3天停止用药。

104.多雨季节谨防菜豆黑斑病

问： 下了几天雨后，菜豆叶片上普遍发生许多近圆形的病斑，差不多整株叶片上都有或多或少的发生（图2-83、图2-84），请问如何控制？

图2-83　菜豆黑斑病田间发病状　　图2-84　菜豆黑斑病褐色近圆形病斑

答： 这是菜豆生产上常见的黑斑病，主要为害叶片。早春多雨或梅雨来得早，气候温暖，空气湿度大；秋季多雨、多雾、重露或寒流来早时易发病。多在始花期开始发生，只要早采取措施防治，是可以控制住的。

一是对种子消毒。用75%百菌清可湿性粉剂或50%异菌脲可湿性粉剂1000倍液浸种2小时，冲净后催芽播种。

二是发病初期，及时发现，采用化学防治，可选用78%波尔·锰锌可湿性粉剂600倍液，或80%代森锰锌可湿性粉剂600倍液，或50%噁霜灵可湿性粉剂1000倍液，或50%咪鲜胺锰络化合物可湿性粉剂800～1000倍液，或50%异菌脲可湿性粉剂1000～1500倍液，或25%啶氧菌酯悬浮剂800～1000倍液，或50%腐霉利可湿性粉剂1500倍液，或64%异菌脲可湿性粉剂500倍液，或75%百菌清可湿性粉剂500倍液，或58%甲霜·锰锌可湿性粉剂500倍液，或64%噁霜·锰锌可湿性粉剂500倍液，或10%苯醚甲环唑微乳剂900倍液，或560克/升嘧菌·百菌清悬浮剂800～1000倍液，或64%氢铜·福美锌可湿性粉剂1000倍液，或250克/升嘧菌酯悬浮剂1000倍液，或25%咪鲜胺乳油1500倍液，或50%多菌灵可湿性粉剂500～1000倍液等喷雾防治，每10天喷药1次，共喷2～3次。

105.秋季高温高湿条件下谨防菜豆红斑病

问： 秋延后大棚菜豆有许多大圆斑，像火烧了一般，用什么药防治较好？

答： 这是菜豆红斑病，又叫菜豆尾孢叶斑病。受害时，叶片上的病斑近圆形（图2-85），有时受叶脉限制形成不规则形病斑（图2-86），病斑大小2～9毫米，初期红色或红褐色，后变成灰白色，后期病斑上着生黑色粉状物，病斑背面密生灰色霉层。该病高温高湿条件下易发生，尤其是秋季多雨的连作地，发病最重。此病既为害叶片，还为害豆荚。因此，要及时防治。

 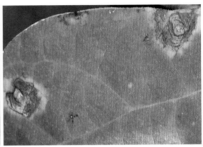

图2-85 菜豆尾孢叶斑病发病株　　图2-86 菜豆尾孢叶斑病叶病斑圆形，呈红色或红褐色

有条件的地方，最好实行轮作倒茬栽培。发病前或发病初期喷药，可选用75%百菌清可湿性粉剂600倍液，或50%混杀硫悬浮剂500～600倍液，或70%甲基硫菌灵可湿性粉剂600倍液，或50%多菌灵悬浮剂500～600倍液，或50%乙霉·多菌灵可湿性粉剂1000～1500倍液，或30%碱式硫酸铜悬浮剂400倍液，或14%络氨铜水剂300倍液，或1：1：200波尔多液。每隔7～10天喷施1次，连续防治2～3次。

106.菜豆苗期要加强管理防止猝倒病发生

问： 刚生出来的菜豆苗为什么大部分都倒伏了？

答： 菜豆苗细弱，营养钵里的湿度大，这是得了猝倒病（图2-87）。该病又叫绵腐病、卡脖子、小脚瘟，主要为害未出土和刚出土的幼苗。病苗茎基部为水渍状病斑，缢缩成线状（图2-88）。在子叶尚未凋萎之前幼苗即猝倒。发病严重时，成片的幼苗倒伏不能直立，茎基部已经缢缩成线状。

图2-87　菜豆猝倒病田间发病状　　　图2-88　菜豆猝倒病茎基部缢缩倒伏

防治该病，主要是加强苗期管理。早春要采用加温育苗，可采用电热温床、人工控温等加温育苗，苗床的温度条件适宜，秧苗生长健壮，病害发生就较少。

种子催芽不要太长，苗床温度应适当，合理利用育苗设施。保温覆盖物应适时覆盖和揭开，尽量利用太阳光能提高苗床温度。控制适宜的湿度。播前灌水应适当，当苗床湿度过大时，应在温度较高时，增加通风次数，排除苗床湿气，降低苗床湿度。苗床干旱必须浇水时，应在早晨进行。浇水后立即盖严塑料薄膜，提高苗床温度，在中午温度较高时通风排出湿气。切忌下午或傍晚浇水，致使夜间苗床湿度过高。浇水量以湿透幼苗的根际土壤为度。采取一切措施，改善苗床的光照条件。播种不要太密，出苗后及时间苗，苗稍大应及时分苗。在浇水或苗床湿度过大时，可在苗床撒干燥的草木灰数次。

发现病苗后，应先清除病株，对未表现猝倒的苗子，应及时喷洒药剂，可选用75%百菌清可湿性粉剂600倍液，或25%甲霜灵可湿性粉剂800倍液，或72.2%霜霉威水剂600倍液，或64%噁霜灵可湿性粉剂500倍液，或70%代森锰锌可湿性粉剂500倍液，或70%敌磺钠原粉1000倍液等喷雾防治，每7～10天1次，连喷2～3次。喷药应在上午进行，中午温度高时应排风降低苗床湿度。

107. 菜豆开花坐荚期应注意提前防止根腐病

问：菜豆开了不少的花，也结了一些豆荚了，但植株陆续出现萎蔫枯死现象，不知是怎么回事？

答： 从田间表现来看，下部叶片变黄（图2-89），地上部茎叶出现了萎蔫或枯死现象（图2-90），仔细观察，发现主根及茎基部有水渍状红褐色斑（图2-91），病斑稍凹陷，后期病部有开裂，或呈糟朽状，主根被害腐烂或坏死，侧根稀少，植株矮化，容易拔出（图2-92），剖视根茎部维管束变褐色或红褐色，但不向地上部发展（典型症状，区别于枯萎病）。潮湿时，茎基部常生粉红色霉状物。

图2-89 菜豆黄叶萎蔫　　图2-90 菜豆镰刀菌根腐病植株萎蔫

图2-91 菜豆镰刀菌根腐病茎根发红　　图2-92 菜豆镰刀菌根腐病

这是菜豆根腐病的表现，为菜豆露地栽培和保护地栽培常见病害之一，一般到植株开花结荚期，地上部才有明显症状。

发现病株，要及时把病秧带出田外深埋或烧毁，并在病株栽植穴及其四周撒布生石灰消毒。

保护地栽培，可选用10%腐霉利烟剂、45%百菌清烟剂等烟熏。

喷雾防治。病害刚发生时，可选用70%甲基硫菌灵可湿性粉剂1000倍液，或77%氢氧化铜可湿性粉剂500倍液，或14%络氨铜水剂300倍液，或50%多菌灵可湿性粉剂1000倍液+75%百菌清可湿性粉剂 1000 倍液，或 70% 噁霉灵可湿性粉剂 1000 ～ 2000 倍液，或 20% 噻菌铜悬浮剂 500 ～ 600 倍液喷雾防治，7 ～ 10 天 1 次，共喷 2 ～ 3 次，重点喷茎基部。

灌根。也可用上述药剂，或 12.5% 治萎灵水剂 200 ～ 300 倍液，或 60% 多菌灵盐酸盐可湿性粉剂 500 ～ 600 倍液，或 54.5% 噁霉·福可湿性粉剂 700 倍液，或 50% 多菌灵可湿性粉剂 500 倍液，或 70% 敌磺钠可湿性粉剂 800 ～ 1000 倍液，或 10% 混合氨基酸络合物水剂 200 倍液，或 70% 甲基硫菌灵可湿性粉剂 500 倍液，或 50% 氯溴异氰尿酸可溶性粉剂 800 ～ 1000 倍液，或 20% 甲基立枯磷乳油 1000 倍液，或 12% 松脂酸铜乳油 300 倍液，或 30% 苯噻氰乳油 1000 倍液等灌根，每株（窝）灌 250 毫升，10 天后再灌一次。或用硫酸铜冲施，每平方米用硫酸铜 1 ～ 1.5 千克。药液要交替使用，以防产生抗药性。

也可选用配方药 70% 甲基硫菌灵可湿性粉剂 800 ～ 1000 倍液 +75% 敌磺钠可溶性粉剂 600 ～ 800 倍液，或 50% 多菌灵可湿性粉剂 500 ～ 700 倍液 +60% 敌菌灵可湿性粉剂 500 ～ 800 倍液等灌根防治。

108. 菜豆生长期谨防病毒病

问：菜豆叶片花花绿绿，有的有不少的黄点，是怎么回事？

答：这是菜豆病毒病，是菜豆生产上的常见病害。病毒使整株系统发病，幼苗至成株期均可为害。其症状主要表现在叶片上。开始在幼嫩的叶片上出现明脉、失绿或皱缩（图 2-93），后来长出的嫩叶片呈浓淡相间的花叶，在不同气候条件下，有的表现是轻型花叶，有的表现是重型花叶。花叶绿色部分有的凸起呈疱状，有的凹下呈袋状，有的叶片扭曲或畸形（图 2-94）。此外，叶脉和茎上也可能产生褐色枯斑和坏死条斑。严重时，有的植株矮缩，有的出现丛枝，顶部呈鸡冠状，开花推迟或落花，甚至不能结荚。豆荚上的症状一般不表现。

其毒源有黄瓜花叶病毒和番茄不孕病毒等，在田间通过桃蚜和棉蚜传播。遇到旱年，雨水少，蚜虫发生多，发病严重。

防治病毒病，关键在于做好农业防治，及时防蚜。如选用抗病或耐病品种；在无病株上采种；播种前，清除田间及四周杂草，集中烧毁或沤肥；深耕地灭茬；重施有机肥，不施带菌肥料，增施磷钾肥；高温干旱时不能缺水，要适时灌水；加强松土，除草。

图2-93 菜豆病毒病叶黄化出现明脉　　图2-94 菜豆病毒病叶片花叶

防治蚜虫，可选用25%噻虫嗪水分散粒剂6000～8000倍液，或10%吡虫啉可湿性粉剂800～1000倍液，或240克/升螺虫乙酯悬浮剂4000～5000倍液，或10%烯啶虫胺水剂3000～5000倍液，或1.8%阿维菌素乳油3000～4000倍液，或10%氟啶虫酰胺水分散粒剂3000～4000倍液，或25%吡虫仲丁威乳油2000～3000倍液，或10%氯噻啉可湿性粉剂2000倍液，或5%啶虫脒乳油2500～3000倍液等防治。

发病初期，可选用20%吗啉胍·乙铜可湿性粉剂500倍液，或1.5%植病灵乳油1000倍液，或3.95%三氮唑核苷可湿性粉剂700倍液，或5%菌毒清可湿性粉剂500倍液，或2%宁南霉素水剂200～400倍液，或4%嘧肽霉素水剂200～300倍液，或7.5%菌毒·吗啉胍水剂500～700倍液，或2.1%烷醇·硫酸铜可湿性粉剂500～700倍液，或31%氮苷·吗啉胍可溶性粉剂600～800倍液，或3.85%三氮唑核苷·铜·锌水乳剂500～800倍液，或0.5%菇类蛋白多糖水剂300倍液等喷雾防治，隔10天喷1次，连喷3～4次。也可用2%宁南霉素水剂250倍液加0.04%芸苔素内酯水剂1000倍液，或10%混合脂肪酸水剂50～80倍液，于发病前或初期施药，兼有促进生长、增加产量的作用。植株感病后，最好将抗病毒剂与磷肥、钾肥等结合施用，可提高植株的抗病力。

109. 谨防豆突眼长蝽成为菜豆生产上的主要害虫

问：菜豆叶子上有好多的白点点（图2-95），是怎么回事？

答：仔细观察叶片，可以发现这是由豆突眼长蝽为害所致的。该虫个体较小，体长仅2.8～3.2毫米，宽约1.2～2.5毫米，不仔细观察，还真不易被发现。

该虫以成虫和若虫集中刺吸嫩叶、嫩梢等避光处的汁液（图2-96），被害叶片开始形成褪绿的黄白色小点，后逐渐扩大，连成不规则的黄褐斑，菜豆生长迟缓，严重时造成叶片大量脱落，使植株提前枯萎，导致结荚减少，籽粒干瘪，严重的可致失收。目前在有些地区，豆突眼长蝽已成为豆科蔬菜的主要害虫，不仅严重为害菜豆，同时也为害大豆、豇豆等，作物整个生长期均可发生，造成叶片褪绿变色、植株提前枯萎死亡，田间易与缺素症等生理性病害相混淆。

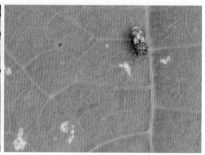

图2-95　豆突眼长蝽为害菜豆叶　　　图2-96　豆突眼长蝽成虫吸食菜豆叶片汁液

一般夏季豆类蔬菜受害较轻，春秋受害较重。该虫有假死习性，可于成虫盛发期，用水盆振落，进行人工防治。也可用灯光诱杀成虫。

于田间发现叶片受害症状后，及时用药，可选用5%氯氰菊酯乳油1000倍液，或5%高效氯氟氰菊酯微乳剂3000倍液，或50克/升溴氰菊酯乳油2000倍液，或10%醚菊酯悬浮剂1500倍液，或4.5%高效氯氰菊酯水乳剂1800倍液，或20%甲氰菊酯乳油2000倍液，或20%氰戊菊酯乳油1500倍液，或1%阿维菌素乳油2000倍液，或40%啶虫脒水分散粒剂3500倍液，或40%辛硫磷乳油600倍液，或10%吡虫啉可湿性粉剂1000倍液，或25%噻虫嗪水分散粒剂2000倍液，或10%氯噻啉可湿性粉剂2000倍液，或10%溴氰虫酰胺可分散油悬浮剂2500倍液等喷雾防治。

第三章 荷兰豆栽培关键问题解析

第一节 荷兰豆品种及育苗关键问题

110. 荷兰豆播种前最好进行低温春化处理

问： 荷兰豆开花迟，开花节位高，跟品种包装袋上介绍的表现有区别，是什么原因造成的？

答： 这个可能与种子（图3-1）播种前未进行低温处理有关。荷兰豆在低温长日照条件下可正常发育，开花结荚。荷兰豆播种前进行种子低温处理，可以促进花芽分化，降低花芽节位，促使提早开花，提早采收，增加产量。大棚等保护地秋延迟或秋冬茬栽培，因苗期处在光照时数长、气温高的环境中，必须进行低温春化处理。

荷兰豆一般在5℃左右的低温条件下可促进发育，宜对其进行2℃低温处理。在20天范围内，处理时间越长，降低花序着生节位、促进早开花的效果越明显。

图3-1 荷兰豆种子

若处理 20 天以上，与不处理的差异就小。因此，进行种子处理，一般以 0 ~ 5℃低温处理 10 ~ 20 天即可，低温处理前须浸种催芽。

低温处理的做法是：在播种前先用 15℃温水浸种，水量以种子在容器内没顶为度，浸 2 小时后，上下翻动 1 次，使种子充分吸水，种皮发胀后捞出，放在容器内催芽，经过 20 小时左右，种子开始萌动，胚芽露出，而后在 0 ~ 2℃低温条件下放置 10 天以上即可播种。

111. 荷兰豆育苗移栽可延长上一茬作物采收期

问： 荷兰豆大多采用直播，请问可不可以采用育苗移栽？

答： 当然可以。采用育苗移栽（图3-2），还可以延长上一茬作物采收期。一般每亩用种量为 6 ~ 7 千克。苗龄要求：秋冬茬育苗期温度高（20 ~ 28℃），需 20 ~ 25 天；越冬茬育苗期温度比较适宜（16 ~ 23℃），需 25 ~ 30 天；早春茬育苗期温度偏低（10 ~ 17℃），需 30 ~ 40 天。各茬的具体育苗时间可根据各地定植期温室温度状况确定。

图3-2　荷兰豆育苗

荷兰豆大棚栽培的适龄壮苗要达到 4 ~ 6 片真叶，茎粗而节间短，无倒伏现象。如苗龄小，不利于适时早收；苗龄大，植株易早衰。

培育适龄壮苗，要搞好营养土的配制，营养土由田园土和腐熟有机肥按 6∶4 混合而成，每立方米营养土中加过磷酸钙 6 ~ 8 千克、尿素 0.5 ~ 1 千克或磷酸二氨 2 ~ 3 千克，再加入草木灰 4 ~ 5 千克。穴盘基质可购买商品专用育苗基质。采用塑料营养钵或基质穴盘育苗。播种时底水要足，早熟品种每穴播 4 粒种子，晚熟品种每穴播 2 ~ 3 粒，播后盖土 4 厘米厚，覆盖地膜保墒。

播种后温度以 10 ～ 18℃为宜。温度低时发芽慢，应加强保温。如温度过高，白天达 30℃左右时，发芽速度快，但要保全苗，应适当遮阳、降温、保湿。

子叶期温度宜低些，以 8 ～ 10℃为宜。从幼苗期到定植前温度以 10 ～ 15℃为宜。

定植前 5 ～ 10 天要降低温度，以利于荷兰豆完成春化过程的发育，温度保持在 2℃左右。

育苗期一般不间苗，营养钵或穴盘应注意及时浇水防旱。

第二节 荷兰豆栽培管理关键问题

112.荷兰豆秋播越冬露地栽培应适时播种，加强田间管理

问： 荷兰豆秋播什么时候播种最合适，如何加强田间管理？

答： 荷兰豆秋播露地栽培（图3-3），在长江中下游地区多在 10 月中下旬至 11 月上旬播种。应选用耐寒力相对较强的品种。一般采用直播，在栽培上要加强如下管理。

图3-3　荷兰豆秋播越冬露地栽培

【大田施肥】一般每亩施腐熟农家肥 2000 ～ 4000 千克、过磷酸钙 20 ～ 30 千克、硫酸钾 7 ～ 10 千克（或草木灰 50 ～ 100 千克）。对地力差的田块和生长期短的早熟品种，基肥中应增加 5 ～ 10 千克尿素。

【直播】荷兰豆露地栽培一般采用平畦穴播或条播，低湿地可以垄种。播种时每亩可用50千克草木灰撒入沟中或穴内作种肥，或播种后覆盖草木灰。

（1）平畦矮生种　穴播行距30～40厘米，穴距15～20厘米，每穴播3～4粒；条播株距5～8厘米。

（2）半蔓生种　穴播行距40～50厘米，穴距20厘米左右；条播株距8～12厘米。

（3）蔓生种　穴播行距50～60厘米，穴距20～30厘米；条播株距10～15厘米。

（4）生长旺盛和分枝多的品种　行距加宽至70～90厘米。

【苗期中耕保墒】苗出齐后中耕2～3次，并除去田间杂草。中耕保墒，一般不浇水。

【看苗施肥】若基肥中氮素不足，到苗高7～9厘米时每亩可浇粪尿水500千克或追施尿素5千克。

【冬季防寒】第二次中耕时培土护根防寒。冬季寒冷的地区，越冬时可在畦面撒一层炉灰粪、稻草（图3-4）或盖旧薄膜以保护幼苗安全越冬。

图3-4　荷兰豆覆草防冻

【结合中耕追施返青肥】翌年早春幼苗返青后中耕追肥，再中耕1～2次，并疏去生长不良或过密的幼苗。插架前进行最后一次中耕。

【插架】蔓生种蔓长30厘米左右或在抽蔓前插架。多数地方用"人"字架，架高1～1.5米。

【绑蔓】同行的架材料间用铁丝或尼龙绳横绑连接，共绑3～4道，以拦住荷兰豆茎蔓并加固支架。半蔓生品种仅需支较矮的简易篱架，横绑 1 ~ 2 道。

【整枝】蔓生品种插架的同时进行整枝，基部留 3 ~ 4 个分枝，上部留 1 ~ 2 个分枝。如种植过密或品种分枝过多，绑蔓时则可适当疏枝。

【追施壮苗肥】旺盛生长期，应进行一次浇水追肥，每亩施三元复合肥 20 ~ 30 千克、草木灰 100 ~ 150 千克或过磷酸钙 10 ~ 15 千克，冲施或沟施。

【浇水保湿】植株开花结荚期，注意浇水保湿。

【追施坐荚肥】坐荚后追肥，每亩施尿素 5 ~ 10 千克，结荚期叶面喷施 0.2% ~ 0.3% 磷酸二氢钾或 0.03% ~ 0.05% 硼酸溶液各一次。蔓生的软荚品种在采收期还应补施一次氮肥、钾肥。

【采收】荷兰豆采收期因食用部分而异。软荚品种在花谢后 8 ~ 10 天，豆荚已充分长大并停止伸长、籽开始发育但尚未膨大时采收。

113.荷兰豆塑料小拱棚栽培有讲究

问：荷兰豆塑料小拱棚栽培何时播种为佳，如何加强管理？

答：荷兰豆塑料小拱棚栽培一般于 10 月中下旬在露地播种，最佳播种期为 10 月 17 ~ 20 日。田间可按以下程式化栽培技术进行管理。

【整地施肥】整地时每亩施入 5000 千克腐熟有机肥、50 千克磷酸钙。畦宽 1.4 米，2 畦 1 拱，拱梗高 30 厘米，拱间走道宽 70 厘米。

【播种】一畦播两行，穴距 21 ~ 24 厘米。

【追施冬肥】除基肥外，还需施一次入冬肥，亩施腐熟有机肥 1500 ~ 2000 千克，于距植株 5 ~ 10 厘米处埋施。

【追施结荚肥】开花前、采收前和采收盛期，各施一次追肥，亩施复合肥 7 ~ 10 千克，同时进行浇水。

【叶面施肥】进入开花期后，每隔 7 ~ 10 天喷施一次高效叶面肥或复合叶面肥。

【中耕】苗高 15 厘米时进行一次浅中耕，此后中耕可适当深些，但不要伤根。

【防寒保温】11 月上旬和 12 月下旬，各喷一次防冻剂防寒。

【扣膜】2 月上旬，搭拱架，拱高 1 ~ 1.2 米，宽 2.8 米，同时扣膜。

【保温】2 月上旬至 3 月初，保持棚温 12 ~ 16℃，避免高温引起徒长。从荷兰豆植株抽卷须到开花前，要求 15 ～ 19℃。开花结荚期，要求 17 ～ 21℃。

【调湿】棚内湿度控制在 65% ～ 90%，一般小水勤浇，浇水以早晚进行为宜。

【整枝】生长中后期去除蔓生荷兰豆近地面分枝和高节位分枝。当植株长势过旺时，还需摘心以促进发生有效分枝。

114. 荷兰豆塑料大棚早春茬栽培要适时早播并加强田间管理

问： 荷兰豆塑料大棚早春茬栽培（图 3-5）应何时播种，怎样加强生长期的管理？

图 3-5　荷兰豆塑料大棚早春栽培

答： 荷兰豆塑料大棚早春栽培，宜选用耐寒性强、抗病、产量较高、品质较好的品种。在 2 ～ 3 月份播种，4 ～ 5 月份收获。在栽培上要加强以下田间管理。

【施基肥】一般每亩施腐熟有机肥 5000 千克、过磷酸钙 25 ～ 30 千克、氯化钾 20 ～ 25 千克（或草木灰 100 千克）。均匀撒施后深耕细耙。

【作畦】深沟高畦，一般畦高 20 ～ 25 厘米，畦宽 1 米左右，畦沟宽 30 ～ 40 厘米。三沟配套，保证排水畅通。

【制作苗床】多用育苗移栽法。营养土由肥沃田园土 6 份、优质有机肥 4 份过筛后掺匀而成。每立方米土中加入过磷酸钙 6 ～ 8 千克、尿素 0.5 ～ 1 千克、草木灰 4 ～ 5 千克，加少量细沙或细炉渣。

【播种】宜干籽直播，也可以浸种催芽。播种时每个营养钵 2 ～ 3 粒种子，然后覆盖 4～6 厘米厚的潮湿营养土。

【苗期管理】播后畦面上盖薄膜保墒增温。早播或温度低时，畦上可支小拱棚，必要时夜间再盖草苫保温。播后室内保持 15～18℃，出苗后揭去薄膜，适当降温到 10～15℃。

定植前一周通风炼苗。

【定植】一般苗龄 30～35 天，当大棚内最低气温稳定在 4℃时即可定植。

（1）单行定植　1.0 米宽的畦栽 1 行，隔畦间作的 1.0 米宽的畦栽两行，株距 15～18 厘米。

（2）双行定植　1.5 米宽的畦栽两行，株距 21～24 厘米。开沟定植，沟深 12～14 厘米，栽后灌水。

（3）小高畦栽培　畦宽 1 米，每畦栽两行，穴距 18～20 厘米，栽苗后用土封好定植孔。

【闭棚促缓苗】定植后一周内，密闭棚膜不通风促缓苗。若遇到寒流、霜冻、大风、雨雪天气，应采取临时增温措施。

【浇缓苗水】播种后，如遇干旱，须及时浇水促苗。

【适当降温防徒长】缓苗后，及时通风降温排湿。以后视天气状况逐渐加大通风量。

【中耕培土】定植后，一般到现蕾前不需浇水、施肥，但要及时中耕培土 2～3 次。

【支架与整枝】蔓生或半蔓生植株抽蔓后及时插架，用细竹竿或细树枝等插"人"字架，每 2 行为一架，及时引蔓。当苗高 20 厘米左右时，定期检查防倒伏。大棚内荷兰豆植株往往枝繁叶茂，生产上要进行整枝并适当疏除密枝和弱枝。

【放大风】4 月中下旬，可放大风，夜晚闭风。

【结合浇水追施蕾肥】现蕾后，浇水并追肥，亩用复合肥 15～20千克，同时浅中耕一次。

【日夜大通风】5 月中旬以后，可日夜大通风。

【结合浇水追施结荚肥】开花坐荚后，干旱要适当浇水，多雨要清沟排涝，保持土壤中等湿度。一般 10 天左右浇一次水，隔水追一次肥。每次浇水后，要加大放风量。

【叶面施肥】坐荚期，可叶面喷施 1%～3% 的过磷酸钙或 0.1%～0.3% 的磷酸二氢钾溶液等。

【采收】早春大棚荷兰豆成熟后，要及时采收上市，否则便失去早栽的意义。采收嫩豆的，须在豆粒充分饱满（图3-6、图3-7），豆荚由深绿变为淡绿时采收，一般在开花后15～18天可采收；采收嫩荚的，须在嫩荚充分肥大，鲜重最大，籽粒开始发育时采收，一般在开花后12～15天可采收。

图3-6　荷兰豆嫩豆粒适宜的采收期　　图3-7　采收的鲜荷兰豆粒

115.荷兰豆塑料大棚秋冬栽培有讲究

问： 荷兰豆塑料大棚秋冬栽培何时播种适宜，如何加强田间管理？

答： 荷兰豆塑料大棚秋冬栽培应根据其有效生育期及前茬拉秧早晚选择品种。于7月份直播或育苗，9月份即可开始采收，11月上旬拉秧。其田间管理技术措施如下。

【整地施肥】前茬收获后整地，施肥作畦后直播。亩施有机肥5000千克，然后深翻、作畦。

【种子催芽】夏季高温期播种，催芽时必须进行低温春化处理：在播种前先用15℃温水浸种，水量以种子在容器内没顶为度，浸2小时后，上下翻动一次，使种子充分吸水，种皮发胀后捞出，放在容器内催芽，经过20小时左右，种子开始萌动，胚芽露出，而后在0～2℃低温条件下放置10天以上种子即通过春化处理。

【播种】

（1）直播　蔓生品种作1.5米宽的畦播1行，半蔓生品种作1米宽的畦播1行。播种采用穴播，穴距一般为30～40厘米，每穴播3～4粒种子。

（2）套种　可于 7 月上中旬前作拉秧前套种，在前作最后一次浇水后，除去基部老叶，趁墒在株旁穴播，穴深 4 ～ 5 厘米，穴距 30 厘米左右。前茬拉秧后，行间开沟补施基肥。

如前作拉秧时间延长到 8 月上中旬，应先在 7 月中下旬露地育苗，8 月份定植。苗床上要搭凉棚遮阳防雨，畦内常浇小水降温。多雨时注意排水防涝，保证幼苗健壮生长。苗龄大约 30 天，前作拉秧后定植。按行距 40 ～ 60 厘米开沟引水栽苗，穴距 30 厘米。

【苗期管理】由于气温较高，播后应把大棚两侧薄膜揭开通风降温，出苗后中耕 2 ～ 3 次，并严格控制肥水，防止茎叶徒长。同时，可在棚膜上覆盖遮阳网或喷泥浆降温。

【浇缓苗水】育苗移栽的，在定植后 2 ～ 3 天浇缓苗水，然后中耕蹲苗。

【中耕松土】直播的，出苗前，如畦面板结，须浅松土。

【控水蹲苗】现蕾前气温尚高，湿度大，要严格控制浇水追肥。

【结合浇水追施蕾肥】现蕾时，结合浇水施入硫酸铵 15 千克，松土并进行最后一次培土。

【插架】现蕾后，及时插架。

【追施坐荚肥】开花期切忌浇水，当部分幼荚坐住并开始伸长时，开始加强肥水管理，每隔 7 ～ 10 天浇水一次，隔一次水追施化肥一次，每亩施三元复合肥 20 千克。

【撤除遮阳网】9 月份以后，撤除遮阳网或清除棚膜上的泥浆，中旬以后夜温降到 15℃以下，要逐渐缩小通风口，可关严边缝，只留顶缝通风。

【采收】一般开花后 8 ～ 12 天采收。食荚荷兰豆要求荚长 6 ～ 7 厘米，厚 0.55 厘米，鲜嫩、青绿，不露仁，无畸形，无虫口，无病斑，无机械损伤，荚蒂不超过 1 厘米。

【追施防衰肥】第一次采收后，天气转冷，应减少浇水次数，一般可每 20 天浇一次水。为了增产，可用 0.3% 磷酸二氢钾（或叶面宝，或丰产素)5000 倍液，或 0.15% 硼砂加植保素、复硝酚钠 5000 倍液，每 7 ～ 10 天喷叶面一次。如土壤缺水，可结合浇水每亩追施三元复合肥 20 千克。

【保花保荚】进入盛花期，如发现落花落荚严重，可用 5 毫克 / 千克对氯苯氧乙酸溶液和 2 毫克 / 千克赤霉酸溶液混合喷花。

【减少通风】10月中旬以后，只在晴天中午通风，10月下旬后一般不再通风。开花结荚期白天保持15~22℃，夜间10~12℃，空气相对湿度保持80%~90%。

【保温控水】结荚盛期，外界气温已降低，只需浇小水保湿。10月下旬以后，停止水肥供应。

【保温防寒】进入11月，夜间棚外须加盖草苫防寒保温。

116. 荷兰豆秋播越冬露地栽培既应施好基肥又要及时追肥

问： 荷兰豆秋播越冬露地栽培在施肥方面有何要求？

答： 在荷兰豆的生产上，大多数农民不太注重施肥，包括基肥和追肥等，随意种植，也不怎么进行病虫害的防治，因而采收期不长，影响了产量和效益。

荷兰豆对土壤的适应能力较强，虽然要求不严格，但由于根系对氧的需求量大，故以疏松肥沃、有机质含量在1.5%以上的中性壤土为宜。荷兰豆虽然有根瘤菌，能固定土壤及空气中的氮，但初期根瘤菌的活动能力弱，在苗期仍需补充一定量的氮肥。在整个生长期需供应充足的氮、磷、钾等营养元素。在栽培中，应以施用有机肥为主，增施磷、钾、硼、钼等肥料，及时接种根瘤菌菌种。其施肥技术如下。

（1）基肥 一般结合整地每亩施充分腐熟农家肥5000千克（或商品有机肥300~500千克）、三元复合肥20~30千克。地力差的田块和生长期短的早熟品种，应增施尿素5~10千克，使之提早长成壮苗并迅速形成根瘤。

（2）追肥 如果在施基肥时施入的氮素不足，当荷兰豆苗高7~9厘米时，每亩可追施腐熟粪尿水500千克或尿素5千克，促进幼苗健壮生长和根系扩大。在冬季寒冷的地方，越冬时可在畦面上撒一层炉灰粪、稻草或盖旧薄膜，也可以每隔几畦设立一个矮风障，以保护幼苗安全越冬。

翌春返青后插架前应结合浇水追肥一次，一般每亩施三元复合肥20~30千克、草木灰100~150千克（或过磷酸钙10~15千克），冲施或沟施。开花坐荚（图3-8）后，每亩追施尿素5~10千克，结荚期还可结合防病治虫叶面喷施 0.2% ～ 0.3% 的磷酸二氢钾或 0.03% ～ 0.05% 的硼酸溶液各一次。蔓生的软荚品种由于生长期较长，一般在采收期还应补施一次氮肥、钾肥。

图3-8　荷兰豆开花结荚期注意追肥

117. 荷兰豆塑料小拱棚栽培效益佳，但要加强施肥管理

问：采用塑料小拱棚栽培荷兰豆，可提早上市，请问如何施肥？

答：荷兰豆采用塑料小拱棚栽培，于 10 月中下旬露地播种。有小拱棚进行保温，可减轻越冬期的冷害，使提早上市，提高经济效益。在施肥方面可按以下技术要求进行。

（1）基肥　一般结合整地每亩施充分腐熟农家肥 5000 千克（或商品有机肥 600 千克）、过磷酸钙 50 千克。

（2）追肥　荷兰豆入冬前应施一次冬肥，一般每亩追施充分腐熟农家肥 1500 ～ 2000 千克或商品有机肥 200 ～ 250 千克，于距植株 5 ～ 10 厘米处埋施。开花前、采收前和采收盛期各追施一次肥，一般每亩施三元复合肥 7 ～ 10 千克，同时进行浇水。进入开花期后，可结合防病治虫等，每隔 7 ～ 10 天喷施一次高效叶面肥或复合叶面肥。

118. 荷兰豆塑料大棚秋冬栽培要施好肥以提高后期产量

问：采用大棚进行秋延后栽培，可延后上市，在施肥方面有何讲究？

答：荷兰豆采用塑料大棚进行秋冬栽培，在长江流域可提前至 7 月份直播或育苗，9 月份即可开始采收，11 月上旬拉秧，效益较好，要想丰产丰收，一定要注意及时施肥。

（1）基肥　一般结合整地每亩施充分腐熟农家肥 3000～5000 千克（或商品有机肥 400～600 千克）、过磷酸钙 40～50 千克、草木灰 50 千克，拌匀后耧平。

（2）追肥　在现蕾前要严格控制浇水追肥。追肥一般从现蕾期开始，结合浇水每亩施入硫酸铵 15 千克，然后松土并进行最后一次培土，并及时插架。

开花期切忌浇水，当部分幼荚坐住并开始伸长时，开始加强肥水管理，每隔 7～10 天浇水一次，隔一次水追施化肥一次，每次每亩施三元复合肥 20 千克。

坐荚期，可结合防治病虫害，叶面喷施 0.3% 的磷酸二氢钾（或叶面宝，或丰产素）5000 倍液，或 0.15% 硼砂加植保素、1.8% 复硝酚钠水剂 5000 倍液，每 7～10 天喷叶面一次。10 月下旬以后停止水肥供应。

119. 荷兰豆塑料大棚早春茬栽培要施足基肥，及时追肥

问：荷兰豆早春采用大棚促成栽培，由于采用这种方式种植的不多，因此在市场上的销路不错，填补了早春市场的空档，效益一般较好，要想优质高产，请问在肥料施用上有何值得注意的？

答：荷兰豆利用大棚进行早春茬栽培，于 2～3 月份播种，4～5 月份即可收获，填补了市场的空档，效益好，这种模式做到了"人无我有"，为了做到优质高产，在肥料施用上可参考下列指标。

（1）基肥　一般结合整地每亩施充分腐熟农家肥 5000 千克（或商品有机肥 600 千克），然后深翻 20～25 厘米，土肥混匀，耙细整平后作畦。在畦内开沟施过磷酸钙 25～30 千克、硫酸钾 20～25 千克（或草木灰 100～200 千克），拌匀后耧平。

（2）追肥　塑料大棚早春茬栽培的荷兰豆，一般到现蕾前不需浇水、施肥，但要及时中耕培土 2～3 次。当植株现蕾后可结合浇水进行追肥，一般每亩可追施三元复合肥 15～20 千克，浇水追肥后要浅中耕一次。荷兰豆开花坐荚后对水肥需求量大且敏感，要保持土壤中等湿度，一般每隔 10 天左右浇一次水，隔水追一次肥，每次每亩施复合肥 7～10 千克。坐荚期可结合防治病虫害，叶面喷施 1%～3% 的过磷酸钙或 0.1%～0.3% 的磷酸二氢钾溶液等。

120. 荷兰豆生长期要防止缺钙

问： 荷兰豆的嫩叶片叶缘枯死，这大大降低了荷兰豆的商品性，请问有何办法解决？

答： 从整体植株的表现来看，植株矮小，未老先衰，茎端营养生长缓慢；顶叶的叶脉间淡绿或黄色，幼叶卷曲，叶缘变黄失绿后从叶尖和叶缘向内死亡（图3-9）；植株顶芽坏死，但老叶仍绿。这是荷兰豆缺钙的表现。

图3-9　荷兰豆缺钙

荷兰豆缺钙的可能原因，一是氮多、钾多或土壤干燥，阻碍对钙的吸收；二是空气湿度小，蒸发快，补水不足时易导致缺钙；三是土壤本身缺钙。

针对缺钙症，若土壤中钙不足，可在施基肥时增施含钙肥料。施基肥时避免一次施用大量钾肥和氮肥。应急时，每亩冲施硝酸钙20千克，或叶面喷施0.3%氯化钙、糖醇钙或绿得钙等，每隔7天左右喷1次，共喷2~3次。

121. 荷兰豆越冬要注意通过增施速效氮肥、磷肥、钾肥等补救冻害

问： 荷兰豆进入越冬期，总容易遭遇冷冻害（图3-10），有何防冻措施？

答： 荷兰豆属冷季豆类，要求温暖而湿润的气候环境，耐寒能力不及小麦、大麦。荷兰豆冻害发生于植株生长早期或花荚期间，生

图3-10　遭受轻微冷冻害的荷兰豆植株长势弱

长点死亡，并且叶片会出现不规则的坏死斑，一般荷兰豆品种在苗期能耐 −4℃的低温，在 −5℃以下即会受冻害。

在南方地区，荷兰豆在三种情况下易受冻害。一是冬季比较干旱，水分不足，形成干冻，寒潮来临时易受冻害。二是在越冬期间，荷兰豆因气温高，生长旺盛，寒流袭击时气温骤降而受冻。三是强寒潮连续袭击，温度低，时间长而受冻。

因此，菜农要时刻关注天气预报，提早预防，若出现冷冻害，则及时采取补救措施。

（1）预防措施　清沟排水，防止积水结冰，确保"三沟"（围沟、腰沟、畦沟）畅通，田间无积水，避免渍水过多妨碍根系生长，做到冰冻或雪融化后生成的水能及时排掉，从而有利于冬作物生产的快速恢复。可采用覆盖技术预防冻害，如采用稻草或麦秆等覆盖于荷兰豆田。但一般寒潮结束后要及时掀开，以防各种病虫害。

（2）补救措施　一是及时松土和根际培土，破除土壤表层冰块，提高土壤温度，促进荷兰豆生长。

二是苗期受冻应增施肥料以促进多分枝，靠分枝形成产量；在花期受冻，要适时摘顶，调节营养，提高结荚数。

三是加强冻后管理，寒流过后及时查苗，及时摘除冻死叶，拔除冻死苗，对由于表土层冻融时根部拱起土层、根部露出、幼苗歪倒等造成的"根拔"苗，要尽早培土壅根；解冻时，及时撒施一次草木灰或对叶片喷洒一次清水，这对防止冻害和失水死苗有较好效果，可有效减轻冻害损失。

四是增施速效氮肥、磷肥、钾肥。灾后适当追施一些速效氮肥、磷肥、钾肥，可增强荷兰豆对冻伤的修复。荷兰豆受冻后，叶片和根系受到损伤，必须及时补充养分。要普遍追肥，每亩追施尿素 3 ~ 5 千克，长势差的田块可适当增加用量，使其尽快恢复生长。在追施氮肥基础上，要适量补施钾肥，每亩施氯化钾 3 ~ 4 千克或根外喷施磷酸二氢钾 1 ~ 2 千克，以增加细胞质浓度，增强植株的抗寒能力，促灌浆壮籽。

五是加强测报，防治病虫害。荷兰豆受冻后，较正常植株更容易感病，要加强病虫害预测预报，密切注意发生发展动态。

122.荷兰豆开花结荚期要加强管理促进结荚

问: 荷兰豆开了两次花，但不结荚是什么原因？

答: 会开花结荚的，这段时间落花可能与雨水过多并遭受了低温冷害有关。此外，若开花结荚期遇到高温干旱也易导致落花脱蕾。荷兰豆开花结荚期（图3-11），也是营养生长与生殖生长共同进行并向生殖生长转化的时期，要加强管理，既要保持土壤湿润，又要防止土壤过干和过湿。在抽蔓期、结荚期结合浇水，每亩施尿素 10 千克；结荚盛期用 0.2% 磷酸二氢钾溶液、0.1% 硫酸锰溶液或 0.1% ~ 0.2% 钼酸铵溶液喷洒叶面，每亩用药液 50 升左右，共喷 2 ~ 3 次。进入盛花期，如发现落花落荚严重，可用 5 毫克 / 千克对氯苯氧乙酸溶液和 2 毫克 / 千克赤霉酸溶液混合喷花。此外，要注意白粉病、褐斑病等病害的防治。

此外，要注意适时采收，以减缓花与荚的营养竞争，防止落花落荚。

图3-11　荷兰豆开花结荚期

123. 荷兰豆适时采收效益佳

问: 荷兰豆采收早了产量低，采收晚了商品性差，什么时候采收最适宜呢？

答: 荷兰豆的荚果一般自下而上逐渐成熟，常常是基部豆荚已采收，而上部正在开花或刚刚结荚，连续采收时间可达 1 个月之久，因此要分期采收。

荷兰豆一般在开花后 8 ~ 12 天，嫩荚已充分长大，且豆粒尚未成熟发育或刚刚开始发育，荚壁微凸起时，为采收适期，此时荷兰豆纤维少，品质好（图 3-12）。若采收过早，豆荚尚未充分长大，则影响产量；若采收过晚，籽粒膨大，糖分降低，纤维增加，则商品性差。因此，应适时采收。一般分 3 ~ 4 批采完。

图 3-12 适宜采收的荷兰豆嫩荚　　图 3-13 农户在采收荷兰豆嫩荚

一般盛收期每天采摘一次，采收应在太阳升起前进行，因这时豆荚的温度最低，含水量高。摘取嫩荚时要小心，不要使嫩荚受伤（图 3-13）。具体掌握在嫩荚中种子开始形成、照光见籽粒痕迹时采摘。采收时用手或剪刀轻轻地将豆荚摘下或剪下，然后放在阴凉的地方，最好用湿毛巾或湿麻袋等盖上，以免水分损失。收获后，要存放在阴凉处，最好尽快组织车辆运往加工厂进行预冷、分级等处理，剔除有斑点、畸形、过熟等不合格嫩荚后包装上市。

124. 荷兰豆分级有标准

问: 国家对荷兰豆上市有分级标准吗？

答：有。蔬菜分级是保证蔬菜产品质量，使产品达到商品化标准化的重要措施。荷兰豆分级按《荷兰豆等级规格》(NY/T 1063—2006)中的规定执行。此标准给出了对荷兰豆的基本要求。根据对每个等级的规定和允许误差，荷兰豆应符合下列基本条件（图3-14）：同一品种或相似品种；成熟度符合食用要求；外观新鲜、翠绿、有光泽，不失水，无皱缩；无畸形豆荚；清洁，不含杂物；无腐烂、变质；无冷害、冻害；无虫及病虫导致的损伤；无异味；无异常的外来水。

图3-14　采收的荷兰豆荚要在符合基本要求后进行分级

在标准中将荷兰豆按豆荚的外观品质划分为3个等级，分别为特级、一级和二级。具体要求应符合表3-1的规定。

表3-1　荷兰豆等级规格

等级	要求
特级	豆荚大小、长短和色泽一致；豆荚无筋；无豆粒或极小；豆荚无缺陷
一级	豆荚大小、长短和色泽较一致；豆荚基本无筋；豆粒刚刚形成，且很小，允许有轻微的外形、颜色和表面缺陷以及机械伤
二级	豆荚大小、长短和色泽稍有差异；豆荚有筋；有豆粒，但应较小且很少。允许稍有外形、颜色、表面缺陷和机械伤，以及轻微萎蔫

在荷兰豆的分级中，允许有一定范围的误差。按其质量计为：特级荷兰豆允许有5%的产品不符合等级规定要求，但应符合一级的要求；一级荷兰豆允许有8%的产品不符合该等级规定要求，但应符合二级的要求；二级荷兰豆允许有10%的产品不符合该等级规定要求，但应符合基本要求。

在 NY/T 1063—2006 中，还规定了荷兰豆的规格标准。以长度作为划分规格的指标，荷兰豆分为大（大于 12 厘米）、中（8 ～ 12 厘米）、小（小于 8 厘米）3 个规格。同时规定，特级允许有 5% 的产品不符合规格规定要求；一级允许有 8% 的产品不符合该规格规定要求。二级允许有 10% 的产品不符合该规格规定要求。

125. 荷兰豆采收中后期要加强管理，以延长采收期

问： 荷兰豆进入采收期后，总是采不了几次，就迅速衰落枯死了，请问如何加强管理？

答： 荷兰豆一旦进入采收期，大多只重收获，就不进行管理了，导致病虫害多，缺肥缺水，早衰枯死等（图 3-15）。因此，越是采收期，越要加强管理，以延长收获期，提高产量 20% ～ 50%。

图 3-15　荷兰豆应加强后期管理，防止植株早衰

一是提高根瘤菌活力。荷兰豆属蔓生卷须豆科作物，一生所需的营养大部分靠自身的根瘤菌供给，只需施少量氮肥和磷肥。生长中后期，根群日趋老化，根瘤菌增殖衰退，活力减弱，固氮能力差，所需要的养分入不敷出，就会导致出现提早缩蔓现象。因此，必须及时增磷、添钾、补氮。采收豆荚 2 ～ 3 次后，每 10 ～ 12 天补肥 1 次，每亩用腐熟人粪尿 250 ～ 300 千克、过磷酸钙 6 ～ 8 千克、草木灰 40 千克或三元复合肥 10 ～ 12 千克，兑水 750 升淋施。另外，每 25 天叶面喷施 0.2% 磷酸二氢钾 1 次。

二是细心采荚护豆蔓。由于豆蔓空心，壁薄、脆，采荚时应用剪刀细心剪下，从外至内，从上至下，逐层细心采剪，千万不要强拉硬扯，

弄断豆蔓。

　　三是防旱排涝护根。荷兰豆喜阴怕湿，遇旱时应适当淋水促根，但忌漫灌深灌，遇大雨或后期田间渍水，应迅速开沟排涝，防止根系腐烂，根瘤破裂而缩蔓。

　　四是及时防虫治病促后劲。荷兰豆生长至中后期，因气温逐渐升高，容易发生潜叶蝇、豆秆蝇、蚜虫和白粉病、炭疽病、褐纹病、褐斑病等病虫害，可用80%敌敌畏500～600倍液或鱼藤精乳油1000～1200倍液杀虫，用50%甲基硫菌灵可湿性粉剂800倍液等预防病害。

第三节　荷兰豆主要病虫害问题

126. 荷兰豆栽培要通过加强农业、物理和生物措施做到不用药或少用药

　　问：荷兰豆的嫩尖、嫩叶（图3-16）和嫩荚都可以食用，且采收期要经常采收，病虫害一旦发生就麻烦，特别是绿色生产，请问有哪些方法可以做到不用药或少用药？

图3-16　采收的荷兰豆嫩尖、嫩叶

　　答：绿色蔬菜是今后的发展方向，在蔬菜生产上，做到少用药或不用药也是国家提倡的肥药双减行动。可以从以下几个方面着手。

　　一是种子处理。选用比较抗病的丰产良种。从无病田留种，或从无病株采种。播种前，将种子放入冷水中先浸4～5小时，然后在50～52℃

温水中浸种 5 分钟，再浸入冷水中冷却后催芽或晾干播种。用种子质量 0.3% 的 50% 多菌灵可湿性粉剂或 70% 甲基硫菌灵可湿性粉剂拌种，可预防褐斑病。用种子质量 0.3% 的 35% 甲霜灵可湿性粉剂拌种，可预防霜霉病。

二是土壤消毒。播种前，每亩用 50% 多菌灵可湿性粉剂 5 千克，或 75% 敌磺钠可湿性粉剂 4 千克，或 70% 噁霉灵可湿性粉剂 5 千克，均加细土 100 千克，拌匀后均匀施入田里翻入土壤中，可预防根腐病。

三是农业防治。实行与瓜类、茄果类、百合科蔬菜轮作 2～3 年。施足充分腐熟粪肥，加施草木灰，提高植株抗病能力。适时播种，高畦栽培。科学浇水，不宜大水漫灌，雨后及时排水。加强通风，降低田间湿度。收获后彻底清除田间病残体，深翻土壤，减少越冬菌源。种植密度要适宜，保证田间通风透光。及时追肥，防止植株脱肥早衰。加强松土，及时铲除田间杂草。

四是物理防治。用 27% 高脂膜乳剂 100 倍液防治白粉病，喷高脂膜后，在叶面上可形成一层分子膜，改变叶面的小气候环境，造成缺氧条件使白粉菌死亡。每亩施生石灰 50～100 千克，加碎稻草 500 千克，均匀施到地表上。在田间设黑光灯、频振或杀虫灯等诱杀害虫。利用黄板诱蚜或用银灰膜避蚜。

五是生物防治。如用 2% 嘧啶核苷类抗生素水剂 150～200 倍液，或 1% 武夷菌素水剂 100～150 倍液防治白粉病。

白粉病刚刚发生时，马上喷小苏打 500 倍液，隔 3 天喷 1 次，连喷 5～6 次，不但防病，还可提高蔬菜产量。

六是烟熏或喷粉。对大棚栽培的，尽量采用烟熏或喷粉，在播种前或定植前，温室、大棚内没有蔬菜时，每 100 立方米用硫黄粉 250 克加锯末 500 克拌匀后，于傍晚分放 4～5 点，点燃冒烟后密闭烟熏一个晚上。也可在定植后或播种出苗后，选用 30% 或 45% 百菌清烟剂，每亩每次用 250 克于傍晚烟熏，隔 7 天熏一次，连熏 3～4 次，防治白粉病、灰霉病。用 3.3% 噻菌灵烟剂，每亩每次 250 克，于傍晚进行，分 4～5 个点，闭棚后点燃冒烟，隔 7 天熏 1 次，连熏 3～4 次，可防治褐斑病。

或喷 5% 百菌清粉尘剂、6.5% 硫菌·霉威粉尘剂，每亩每次喷 1000 克，于早上或傍晚进行，关闭棚室，隔 7 天喷 1 次，连喷 2～3 次，可防治褐斑病。

127.荷兰豆苗期要加强管理防止立枯病

问： 荷兰豆播下去后成苗率不高，有些幼苗幼茎基部萎缩并死亡，请问怎么办？

答： 荷兰豆苗期易发立枯病，又称荷兰豆基腐病（图3-17），是荷兰豆栽培中的一种重要病害，主要发生在苗期。种子发病，造成烂种。子叶染病，产生红褐色近圆形病斑。受害幼苗茎基部产生红褐色椭圆形或长条形病斑，病斑继续扩展到整个幼茎基部时，幼茎逐渐萎缩、凹陷，当扩展到绕茎一周后，病部收缩或龟裂，导致幼苗生长缓慢，最后枯死，有时折倒。湿度大时长出浅褐色蛛丝状霉。

图3-17　荷兰豆立枯病幼茎收缩或龟裂

在预防方面，主要是加强苗床管理，做好苗床保温，防止低温、寒流侵袭。白天在幼苗不受冻的前提下，尽量多通风换气，促幼苗生长健壮，增强抗病力。苗床浇水要依据土壤湿度和天气确定，严防大水漫灌，避免床内湿度过高。

发病初期，先拔除病苗，带出田外深埋，然后喷铜氨合剂（硫酸铜0.5千克加5升氨水混匀），防止蔓延。或选用5%井冈霉素水剂1500倍液，或30%苯甲·丙环唑乳油2000倍液，或2.5%咯菌腈悬浮剂1200倍液，或54.5%噁霉·福可湿性粉剂700倍液，或72.2%霜霉威水剂800倍液，或20%甲基立枯磷乳油1200倍液，或36%甲基硫菌灵悬浮剂500倍液，或15%噁霉灵水剂450倍液等喷雾或灌根，每7～10天1次，连喷2～3次。

128.荷兰豆开花结荚期谨防根腐病死棵

问： 开花结荚期，荷兰豆一株株的萎蔫枯死，不知是何原因？

答： 这是根腐病（图3-18），又称枯萎病，为荷兰豆栽培中的一种重要的土传病害。幼苗至成株期均可发病，但以开花期发病最多，主要为害根和根茎部（地表下的茎部）。病部开始呈水渍状，后来根部变深褐色至黑色，茎基部凹陷或缢缩，维管束变褐色（图3-19），后来病部皮层腐烂，多呈糟朽状。侧根少，根瘤和根毛明显减少，轻则造成植株矮化，茎细、叶小或叶色淡绿，个别分枝呈萎蔫或枯萎状，轻病株尚可开花结荚，但荚数大减或籽粒秕瘦。湿度大时，病株茎基的病部有时产生粉红色霉层，剖开根及根茎部，维管束变褐色。

图3-18　荷兰豆枯萎病植株　　图3-19　荷兰豆枯萎病维管束变褐

　　生产上要提早进行预防，对常发病区，最好在开花前、发病前或病害初发时，选用12.5%增效多菌灵可溶液剂200～300倍液，或98%噁霉灵原粉3000倍液，或50%敌磺钠可溶性粉剂500倍液，或75%百菌清可湿性粉剂500倍液，或70%甲基硫菌灵可湿性粉剂600倍液，或77%氢氧化铜可湿性粉剂500～600倍液，或40%多·硫悬浮剂500～600倍液，或60%多菌灵盐酸盐可湿性粉剂600～800倍液，或50%多菌灵可湿性粉剂500～600倍液，或10%苯醚甲环唑水分散粒剂1200倍液，或30%氧氯化铜悬浮剂500倍液，或25%咪鲜胺乳油1000倍液，或50%异菌脲可湿性粉剂1000倍液，或50%咯菌腈可湿性粉剂5000倍液，或1%申嗪霉素悬浮剂800倍液，或 50% 咯菌腈可湿性粉剂 5000 倍液等喷洒地表和灌根防治，每株灌药液 250 毫升，隔 7 ~ 10 天再灌一次。

129. 荷兰豆生长期谨防黑斑病为害叶片和嫩荚果

问： 荷兰豆叶片上有许多紫红色近圆形斑，请问用什么药防治好？

答： 这是黑斑病，为荷兰豆栽培中的一种常见病害（图 3-20、图 3-21），主要为害叶片、近地面的茎蔓和豆荚。叶片染病，初出现不规则形淡紫色小点，以后变成紫红色近圆形斑，有时具有颜色深浅相同的同心轮纹。高温高湿条件下，病斑迅速扩展，布满整个叶片，致病叶变黄枯死。后期病斑中央多产生黑色小点。叶柄和茎蔓染病，形成大小不等中央略凹陷的紫褐色坏死斑。豆荚染病，初出现许多暗褐色近圆形凹陷小点，以后呈黄褐色，相互汇合成黄褐色坏死下陷斑。严重时病原菌可从种荚侵入到种子内部，在种子上形成斑点，后期也可在病部产生小黑点。

图 3-20　荷兰豆黑斑病病叶上的
紫红色近圆形斑

图 3-21　荷兰豆黑斑病果荚上的
黄褐色坏死下陷斑

发病初期，可选用 50% 琥胶肥酸铜可湿性粉剂 500 倍液，或 40% 多·硫悬浮剂 500 倍液，或 3% 多抗霉素水剂 800 倍液，或 75% 百菌清可湿性粉剂 600 倍液，或 430 克/升戊唑醇悬浮剂 3500 倍液等喷雾防治，隔 10 天喷 1 次，连喷 2 ~ 3 次。

130. 高湿条件下荷兰豆易发芽枯病

问： 荷兰豆的嫩茎叶坏死了，请问这是怎么回事？

答： 这是得了芽枯病（图3-22），该病又称湿腐病、烂头病，为高湿条件下荷兰豆的一种常见病害。此病主要为害植株顶端2～5厘米的幼嫩部位，发病初期呈水渍状，在高湿或叶面结露的条件下，迅速扩展，呈湿腐状腐败，茎部折曲；在干燥条件下或阳光充足时，腐烂部位干枯倒挂在茎顶，夜间随温度下降湿度升高，病部又呈湿腐状。豆荚发病，荚的下端蒂部先表现症状，开始时为灰褐色湿腐状，后期病荚四周长有直立的灰白色茸毛状霉层，中间夹有黑色大头针状孢囊梗和孢子囊，豆荚逐渐枯黄。发病部位由蒂部向荚柄扩展。

发病初期，可选用64%噁霜灵可湿性粉剂400～500倍液，或75%百菌清可湿性粉剂600倍液，或58%甲霜•锰锌可湿性粉剂500倍液，或3%多抗霉素水剂800倍液，或430克/升戊唑醇悬浮剂3500倍液等喷雾防治，隔10天左右喷1次，连防2～3次。

131. 荷兰豆开花坐荚后要注意防治二病一虫

问： 荷兰豆开花结荚后没过多久藤子就拉秧了，叶片上有白霉和虫蛀眼，如何提早防治？

答： 荷兰豆开花坐荚后，有白粉病、褐斑病和潜叶蝇这二病一虫必须得防（图3-23），一旦发病，因该阶段雨水多，气温适宜，传播和发展迅速，往往在下过一两次雨后，就泛滥成灾了。因此，一定要提前进行预防，一旦发病，应查看当地天气预报，抢在下雨前8小时或雨住后及时用药防治。此外，荷兰豆开花结荚时，长势快，要及时绑好蔓，防止风吹倒伏。

图3-22　荷兰豆芽枯病

图3-23　荷兰豆开花坐荚期要加强病虫害的防治

白粉病与褐斑病的防治分别见问题 132 与 133。

荷兰豆潜叶蝇以幼虫潜入叶片表皮下，曲折穿行，取食叶肉。受害植株提早落叶，植株易枯萎死亡。防治幼虫，要在低龄始盛期进行，最好掌握在 2 龄幼虫期前，选用 50% 潜蝇灵可湿性粉剂 2000 ~ 3000 倍液，或 75% 灭蝇胺可湿性粉剂 5000 ~ 8000 倍液，或 10% 吡虫啉可湿性粉剂 4000 倍液，或 1% 阿维菌素乳油 1500 倍液等喷雾防治。

132.荷兰豆生长旺盛期谨防白粉病为害致提前拉秧

问： 荷兰豆开花结荚中后期，叶片、藤蔓上有一层白色的粉，发展起来非常快，不久整株植株就提前拉秧了，请问有何防治办法？

答： 这个病叫白粉病，是荷兰豆生长期的重要病害，除了为害叶片，还为害叶柄、茎、荚。叶片被害（图3-24），叶正面初生白粉状浅黄色小斑点，后扩大成不规则形粉斑，病斑互相连合，在病斑上有一层白粉覆盖，在叶子背面长有紫色或褐色斑，严重时波及全叶，致叶片迅速枯黄。

叶柄、茎、荚被害（图3-25、图3-26），开始也产生白色小粉斑，严重时病斑扩展到整个叶柄、茎、荚，叶柄、茎枯黄，豆荚干缩变小。

图3-24　荷兰豆白粉病叶片发病状　　图3-25　荷兰豆白粉病叶柄发病状

病菌借气流和雨水溅射传播，一旦发病，传播速度特别快。因此，要及时发现，及时用药防治。

对未发病田，喷 12.5% 腈菌唑乳油 1500 ~ 2000 倍液预防。大棚栽培的，每亩棚室中用 45% 百菌清烟剂 200 ~ 250 克，于傍晚进行熏蒸。

图3-26 荷兰豆白粉病
茎发病状

抓住荷兰豆第一次开花或病害发生初期，选用15%三唑酮可湿性粉剂800～1000倍液，或50%硫黄悬浮剂300倍液，或40%多·硫悬浮剂500倍液，或10%甲基硫菌灵可湿性粉剂1000倍液，或12.5%烯唑醇可湿性粉剂2500～3000倍液，或65%氧化亚铜水分散粒剂600～800倍液，或25%丙环唑乳油3000倍液，或27%高脂膜乳剂80～100倍液，或2%嘧啶核苷类抗生素水剂200倍液，或50%混杀硫悬浮剂500倍液，或50%苯菌灵可湿性粉剂1600倍液，或25%乙嘧酚悬浮剂900倍液，或25%戊唑醇水乳剂2200倍液，或4%四氟醚唑水乳剂1200倍液，或2%武夷菌素水剂150～200倍液，或5%烯肟菌胺乳油60～100毫升/亩等喷雾防治，隔7天喷1次，连续防治2～3次。使用三唑酮、烯唑醇等唑类药剂，会引起耐药性剧增，应轮换使用硫菌灵、福美双等其他类型农药。

133. 多雨潮湿条件下荷兰豆谨防褐斑病

问： 近段时间雨水多，荷兰豆下部的叶片死得快（图3-27），请问是什么病？

答： 这是褐斑病，是荷兰豆生产上的主要病害，一般在多雨潮湿地区为害严重，主要为害叶片、茎和荚，可引起茎叶枯死。叶片被害（图3-28），先出现水渍状的小点，后逐渐发展为浅褐色至黑褐色圆形病斑，有明显的褐色边缘，病斑处有轮纹，斑面上长有针头大小的黑色小点。茎被害（图3-29），产生褐色至黑褐色圆形或椭圆形病斑，稍凹陷。豆荚被害（图3-30），出现浅褐色至黑褐色圆形至不规则形病斑。在荷兰豆生产上，常有黑斑病、基腐病、褐斑病混发，易导致植株早衰，提前拉秧。

因此，要掌握其发病规律，发现病害，及时用药。发病初期，可选用40%噻菌灵悬浮剂800～1000倍液，或50%苯菌灵可湿性粉剂1500倍液，或70%甲基硫菌灵可湿性粉剂600～800倍液，或50%多菌灵可湿性粉剂600～800倍液，或40%多·硫悬浮剂600～800

图3-27　荷兰豆褐斑病田间发病状

图3-28　荷兰豆褐斑病病叶病斑后期

图3-29　荷兰豆褐斑病茎发病状

图3-30　荷兰豆褐斑病病荚

倍液，或 75% 百菌清可湿性粉剂 500 ～ 600 倍液，或 65% 硫菌·霉威可湿性粉剂 600 ～ 800 倍液，或 70% 代森锰锌可湿性粉剂 400 倍液，或 64% 噁霜灵可湿性粉剂 500 倍液，或 53.8% 氢氧化铜干悬浮剂 1000 倍液，或 45% 晶体石硫合剂 250 倍液，或 30% 氧氯化铜加 70% 代森锰锌（1：1，即混即喷）800 ～ 1000 倍液等喷雾防治，每 7 ～ 15 天 1 次，连续喷药 3 ～ 4 次，注意交替喷施，前密后疏，并配合喷施新高脂膜 800 倍液，以提高药剂有效成分利用率，巩固防治效果。

　　发病重时，可用 10% 苯醚甲环唑水分散粒剂 1500 倍液防治。保护地栽培，可选用 5% 百菌清粉尘剂、6.5% 硫菌·霉威粉尘剂或 5% 异菌·福粉尘剂，每亩每次喷 1 千克，7 天喷 1 次，连喷 2 ～ 3 次。

134. 低温高湿季节谨防灰霉病为害荷兰豆叶片和荚果

　　问: 荷兰豆的叶片和荚果上都有灰色的霉状物，一旦发展起来很难控制，请问有何好办法？

答： 这是灰霉病，是荷兰豆生产上的一种主要病害。露地种植的荷兰豆苗、棚室或反季节栽培的荷兰豆易发病，主要为害叶片、花、茎蔓和果荚。多从开败的花、叶缘、豆荚尖端等衰弱部分开始发病。叶片被害，从叶尖开始向内发展，呈"V"形斑，开始呈水浸状、淡褐色（图3-31、图3-32），湿度大时，病斑表面生有灰色霉层。荚部被害（图3-33），初呈水浸状、浅褐色、凹陷的病斑，湿度大时，病斑表面生有灰色霉层，即病原菌的分生孢子梗和分生孢子。

图3-31 荷兰豆灰霉病田间发病情况　　图3-32 荷兰豆灰霉病叶上的"V"形病斑并见灰霉

图3-33
荷兰豆灰霉病果荚发病状

　　因此，防治该病，要在开花前就进行预防。由于该病侵染快且潜育期长，又易产生抗药性，应采用生态防治、农业防治与化学防治相结合的综合防治措施。

　　保护地种植时，要以提高温度降低湿度为管理重点，尤其温度对是否发病至关重要。同时要把湿度降到75%以下，防止叶面结露。多施充分腐熟的有机肥，增施磷肥、钾肥。栽培过程中浇水，应选晴天早上浇，浇前可先喷药保护，浇完水后闭棚室，待温度提到35℃左右，放风排湿。棚室围绕降低湿度，采取提高棚室夜间温度，增加白天通风时间，从而降低棚内湿度和结露持续时间，达到控病的目的。

开花前或发病初期，可选用50%腐霉利可湿性粉剂1500～2000倍液，或50%乙烯菌核利可湿性粉剂1000～1500倍液，或50%咯菌腈可湿性粉剂5000倍液，或50%啶酰菌胺水分散粒剂1500～2000倍液，或25%腐霉利·福美双可湿性粉剂800倍液，或40%嘧霉胺悬浮剂1000倍液，或2%丙烷脒水剂200倍液，或50%异菌脲可湿性粉剂1000倍液，或2%武夷霉素水剂200倍液，或25%咪鲜胺乳油2000倍液，或30%百·霉威可湿性粉剂500倍液，或45%噻菌灵悬浮剂4000倍液等喷雾防治，每隔7～10天喷1次，视病情防治2～3次。注意药剂交替使用，以延缓抗药性产生。

在保护地发病初期，可用15%腐霉利烟剂，每亩每次250克，密闭熏烟，隔7天熏1次，连续熏3～4次。也可用粉尘剂防治，可用6.5%甲霉灵粉尘或5%灭霉灵粉尘，每亩每次喷1千克，早上或傍晚喷粉，每7天喷1次，连喷3～4次。

135. 荷兰豆病毒病要早防早治

问：荷兰豆叶片花花绿绿，皱皱巴巴（图3-34），结荚少，有什么办法预防吗？

图3-34　荷兰豆花叶病

答：这是荷兰豆病毒病，只能预防，一旦发现，只能控制其传播蔓延。荷兰豆被害后，叶片表现为褪绿斑驳、明脉、花叶，有些表现为植株矮缩，有些在茎秆上有坏死的条纹。凡发生病毒病的，有发病中心。后期易导致节间缩短、果荚变短或不结荚。

及时用吡虫啉、噻虫嗪、吡蚜酮等防治蚜虫。此外，及时选用20% 盐酸吗啉胍·铜可湿性粉剂 500 倍液，或 10% 混合脂肪酸水剂 100 倍液，或 1.5% 植病灵乳剂 1000 倍液等喷雾，钝化病毒，防止进一步扩展。一般每 7 ~ 10 天喷 1 次，连续防治 3 ~ 4 次。

136. 荷兰豆生长期注意防治锈病

问： 荷兰豆锈病怎么用药效果好？锈病初期刚刚开花结荚，锈病中期准备开始采荚，锈病严重期已经开始采荚，但锈已经爬到叶片中上层。

答： 荷兰豆锈病（图 3-35）主要为害叶片和茎部。叶片染病时，初在叶面或叶背产生细小圆形赤褐色肿斑（图 3-36），破裂后散出暗褐色粉末，后期又在病部生出暗褐色隆起斑，纵裂后露出黑色粉质物。茎部染病，症状与叶片相似。该病在气温 20 ~ 25℃易流行，多数产区都在气温回升后发病，尤其春雨多的年份易流行。该病一旦发生，若不及时采取措施，待其夏孢子堆产出夏孢子，借气流进行传播后，就难以控制了。

图 3-35　荷兰豆锈病田间表现　　图 3-36　荷兰豆锈病叶面背面发生状

在生产上要合理密植，开沟排水，及时整枝，降低田间湿度。发病初期，可喷洒 50% 硫黄悬浮剂 200 ~ 300 倍液，或 20% 氟硅唑微乳剂 3000 ~ 5000 倍液，或 15% 三唑酮可湿性粉剂 2000 ~ 3000 倍液，或 12.5% 烯唑醇可湿性粉剂 2000 倍液，或 430 克/升戊唑醇悬浮剂 3500 倍液。隔 7 ~ 8 天防治 1 次，连防 2 ~ 3 次。

137.谨防人纹污灯蛾幼虫把荷兰豆叶片吃光

问： 荷兰豆叶片上的黄色毛毛虫好厉害，把叶片几乎吃了个精光，请问有什么好药能治住？

答： 这个把荷兰豆叶片吃个精光的害虫，是人纹污灯蛾的幼虫（图3-37）。人纹污灯蛾主要以幼虫取食叶片，低龄幼虫群集取食，残留表皮及叶脉，呈白纱状（图3-38），易于识别。高龄幼虫分散为害，叶片呈缺刻或孔洞，严重的可将植物叶片全部吃光，仅剩叶脉或叶柄，常影响叶片的光合作用和植株正常的生长发育，造成产品品质降低以及产量下降。一般4月开始为害，正是荷兰豆开花结荚期，因此，此期应注意早防早治。

图3-37 人纹污灯蛾幼虫

图3-38 人纹污灯蛾幼虫把叶片吃成白纱状

图3-39
人纹污灯蛾成虫

其成虫（图3-39）夜间活动，有正趋光性（雄蛾比雌蛾趋光性强），白天潜伏不动，躲在蔬菜等叶片的背面、作物间、杂草中或树林内，一般看不到。初孵幼虫孵化后群集在叶背取食，也可为害花丝和幼果。3龄以后分散，老熟幼虫有假死习性。

在生产上，要加强管理，如10月下旬之后，结合田间管理措施，通过灌水、中耕松土等方式，破坏人纹污灯蛾越冬的环境，利用自然条件消灭越冬虫源。清除蔬菜地内的石头、残叶、残株和杂草，破坏其越冬环境或不给其越冬代提供合适的越冬环境。

有机生产，可采用人工摘除有卵块的叶片或初龄幼虫群集的叶片，集中销毁。在人纹污灯蛾幼虫为害时，随时发现随手捏死正在为害的幼虫。利用幼虫的假死性，摇动植株，收集掉在地上假死的幼虫，放在毒瓶内集中销毁。在成虫高峰期，利用杀虫灯或黑光灯诱杀成虫。

还可选用生物药剂喷雾防治，如，每亩用100亿活芽孢/克苏云金杆菌可湿性粉剂100～300克，加水50～60千克喷雾；或用100亿活芽孢/克杀螟杆菌可湿性粉剂1000～1500倍液喷雾。还可用0.2%苦皮藤素乳油1000倍液或1.8%阿维菌素乳油3000倍液等喷雾。尽量选择在低龄幼虫时期防治，7～10天1次，连续防治2～3次。

无公害或绿色生产，当幼虫1～2龄期还在聚集为害时，应立即采取措施，可选用4.5%高效氯氰菊酯微乳剂1500～2000倍液，或5.7%三氟氯氰菊酯微乳剂1500～2000倍液，或20%氰戊菊酯乳油1500～2000倍液，或50%敌敌畏乳油1000倍液，或50%辛硫磷乳油1000倍液等喷雾防治。喷药应选择在晴朗无风的下午进行，每周喷1次，连续喷2～3次。

138. 荷兰豆生长中后期谨防荷兰豆彩潜蝇为害叶荚

问： 荷兰豆开花结荚旺盛期，几乎所有的叶片上都是弯弯曲曲的虫道（图3-40、图3-41），有什么办法防治吗？

图3-40　彩潜蝇为害荷兰豆田间情况　　图3-41　彩潜蝇为害荷兰豆

答： 这是荷兰豆彩潜蝇为害的结果，幼虫潜叶为害，蛀食叶肉留下上下表皮，形成曲折隧道，影响蔬菜生长，并影响荚果的生长，一般在4月中下旬成虫（图3-42）羽化，5~6月为害最重。其防治方法可参考本书豇豆章节中关于美洲斑潜蝇的防治方法。

图3-42 彩潜蝇成虫

139.荷兰豆初花期要注意防治豆秆黑潜蝇

问： 钻在荷兰豆茎里的是什么虫呢，已经成蛹了，还有幼虫（图3-43、图3-44）？

图3-43 荷兰豆豆秆黑潜蝇蛹　　　图3-44 荷兰豆豆秆黑潜蝇幼虫

答： 这是豆秆黑潜蝇的幼虫，已经钻到里面就无法防治了。要提前进行防治。该虫属双翅目潜蝇科害虫，以幼虫钻蛀为害，造成茎秆中空，植株因水分和养分受阻而逐渐枯死。苗期受害，因水分和养分输送受阻，有机养料累积，刺激细胞增生，根茎部肿大，全株铁锈色，比健株显著矮化，重者茎中空、叶脱落，以致死亡。后期受害，造成花、荚、叶过早脱落，千粒重降低而减产。

该虫成虫在 25 ~ 30℃适温下，多集中在豆株上部叶片活动，常以腹末端刺破豆叶表皮，吸食汁液，致使叶面呈白色斑点状的小伤孔。卵单粒散产于叶背近基部主脉附近表皮下，以中部叶片着卵多。幼虫孵化后即在叶内蛀食，形成一条极小而弯曲稍透明的隧道，沿主脉再经小叶柄、叶柄和分枝直达主茎，蛀食髓部和木质部。幼虫老熟后，在茎壁上咬一羽化孔，而后在孔口附近化蛹。

防治豆秆黑潜蝇，要在荷兰豆初花期即开始用药，可选用 75% 灭蝇胺可湿性粉剂 3000 倍液，或 5% 天然除虫菊素乳油 800 ~ 1200 倍液，或 10% 吡虫啉可湿性粉剂 1300 倍液，或 2.5% 高效氟氯氰菊酯乳油 1000 ~ 1500 倍液等，喷雾防治成虫，兼治初孵幼虫。

参考文献

[1] 吕佩珂，苏慧兰，高振江.豆类蔬菜病虫害诊治原色图谱.北京：化学工业出版社，2013.

[2] 王迪轩，高述华，曹建安.蔬菜程式化栽培技术.北京：化学工业出版社，2017.

[3] 王迪轩，曹建安，何永梅.蔬菜程式化栽培技术.2版.北京：化学工业出版社，2020.

[4] 王迪轩.豆类蔬菜优质高效栽培技术问答.北京：化学工业出版社，2014.

[5] 张建国，等.提高豆类蔬菜商品性栽培技术问答.北京：金盾出版社，2009.

[6] 胡永军，刘春香.菜豆大棚安全高效栽培技术.北京：化学工业出版社，2010.

[7] 潘子龙，等.保护地菜豆豇豆荷兰豆种植难题破解100法.北京：金盾出版社，2008.

[8] 李宝聚.蔬菜病害诊断手记.2版.北京：中国农业出版社，2021.